陈宇慧
（田螺姑娘）
著

U0258587

愉快地吃，
痛快地瘦

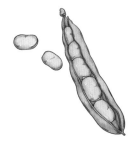

中信出版集团 · 北京

图书在版编目（CIP）数据

愉快地吃，痛快地瘦 / 陈宇慧著 . -- 北京：中信
出版社，2018.6（2021.2 重印）
ISBN 978-7-5086-8887-9

I.①愉… II.①陈… III.①减肥－食谱 IV.
① TS972.161

中国版本图书馆 CIP 数据核字（2018）第 086465 号

愉快地吃，痛快地瘦

著　　者：陈宇慧
出版发行：中信出版集团股份有限公司
　　　　　（北京市朝阳区惠新东街甲 4 号富盛大厦 2 座　邮编　100029）
承 印 者：北京利丰雅高长城印刷有限公司

开　　本：787mm×1092mm　1/32　　印　张：10　　　字　数：192 千字
版　　次：2018 年 6 月第 1 版　　印　次：2021 年 2 月第 4 次印刷
书　　号：ISBN 978-7-5086-8887-9
定　　价：58.00 元

目
录

荤菜

第二部分　工具

一个不忌口的美食博主

写"咖喱辣椒鸡胸肉沙拉"的时候（这道菜虽然名为沙拉，但一菜多用，也可以做得很中式，并不违背本书的理念），我在微信公众号后台和一位读者"吵"了一架。这位读者拿着这份菜谱请教了她的健身教练，健身教练认为：辣椒粉里可能含有过多的盐，会造成钠摄入过多；市面上的全麦面包大多都不是 100% 全麦，失去了吃粗粮的意义；至于平底锅里滴入的几滴油，即使用厨房纸巾擦拭了，这个油量仍然不适合健身人群。

看到这条留言之后，我简直愤怒了。制作辣椒粉完全不需要加盐，这是再普通不过的常识。全麦面包则是一种约定俗成的称呼，如果真用 100% 全麦制作，大部分面包都是无法成型的（国内确实有面包是 100% 全麦制作，但非常少见）。再退一万步，如果连 1~2 毫升的油量都觉得需要杜绝的话，评价这种饮食是矫枉过正毫不过分。

站在减肥瘦身山坡的那一边，在吃饭前计算卡路里、多吃优质蛋白食物、减少脂肪尤其是动物脂肪的摄入、多吃杂粮、多吃蔬菜、少吃水果，这些观点说起来都没什么问题，堪称健康饮食的"政治正确"论。就操作的便利性来看，我能想到的最简单的执行方式，是偏向西式简餐的做法——食材的分量和热量都能更好量化，同时也可以做到肉眼可见的少油、少糖。可是，西式简餐毕竟不那么合胃口，顿顿吃、天天吃难免容易心态崩溃，最后变成报复性地胡吃海塞。

在写下这篇自序之前，我去健身房做了一次体测。作为一名成年女性，身高 165 厘米，体重常年保持在 50 千克上下，纯脂肪重量只有 15 千克多一些，是非常低的数值。可惜的是骨骼肌重量也有些偏低，只有 17 千克左右，所以体脂比不算特别理想。对于从小不爱体育锻炼的我来说，这个数据已经比较让人满意了。接下来只需要根据自己的实际情况，以增加肌肉为目标制订健身计划。（不同的健身仪器测量的数据会有些差异，建议只以相同的仪器观察自己的数据起伏即可，没有必要对数据过于苛求。）

这样的身体状态和数据，除了感谢父母的遗传基因之外，更多是得益于我的日常饮食。因为家里长辈不爱肥腻，烹饪习惯是低油、低盐，不知不觉我就养成了这样的饮食习惯而受益终生，从小到大几乎没担心过肥胖的问题。

健康饮食的理念在这几年越发地深入人心，这当然是好事，但不知该如何循序渐进抑或是想一蹴而就的人实在是太多了，再加上专业素养可能完全不过关的各路人士推波助澜，"如何健康地吃"经常就变成了一个被莫名解读的命题。

这本书当然无意针对专业的运动人士，他们需要对运动量和优质蛋白、碳水化合物的摄入有更缜密的计算，但对于诉求远没有那么苛刻的普通人非常适合。如何愉快地吃、痛快地瘦，是我很感兴趣的一个菜谱设计领域。

书里的菜谱尽可能遵循这样几个原则：

- 从食材处理的各种窍门开始，你会发现全书自始至终保持无油或低油的烹饪方式，更没有任何油炸食品，这也是我自己平日在家的烹饪习惯。
- 在许多人头疼不知道如何做得好吃的素菜方面多花笔墨。
- 多选取含优质蛋白的肉荤类食材入菜，尽可能减少可见的动物脂肪摄入。
- 当无法避免摄入动物脂肪的时候，利用烹饪技巧来去除一部分油脂，或以其他低卡、低脂的食材来平衡菜肴的营养。
- 在主食的烹饪上，尽可能粗粮细做，或者以低油、低糖、低盐的烹饪方式来制作精米和精面。
- 最重要的一点是，这些菜谱的原料都很好被找到，做法都足够中式、足够家常、足够好吃。

此外，我会在每一种食材的开篇写明这种食材的特性，在菜谱中格外强调重要的操作细节，在大部分菜谱的结尾写明如何利用这篇菜谱举一反三。"愉快地吃，痛快地瘦"想必就不会是一件太难的事。

在这里，携我的第三本书——一本容易践行的健康菜谱，祝你越吃越瘦。

第一部分　菜谱

素菜

注：本篇以素菜为主

紫苏拍黄瓜

√无油　√低卡　√少糖　√低脂　√低碳水化合物（简称"低碳"）　√无动物脂肪

原料

① 黄瓜 2 根，约 400 克；

② 盐 1 茶匙；

③ 剁辣椒 1 瓷勺；

④ 香醋 1 瓷勺；

⑤ 老抽半瓷勺；

⑥ 大蒜 2~3 瓣；

⑦ 紫苏叶子 5~6 片。

步骤

1. 拍黄瓜

将黄瓜切去头部和尾部，用中片刀的侧面使劲儿拍下。目测每次拍下的长度在 10 厘米左右为佳，再将拍碎的黄瓜用刀切成 3 厘米左右的段。

所谓的拍黄瓜，强调的就是"拍"这个动作。比起直接用菜刀切开的黄瓜，拍黄瓜的形状更不规整，空隙更多，当然就更入味。

2. 调味

将蒜瓣去皮拍碎切成末，紫苏叶子洗净后切碎，和盐、香醋、老抽、剁辣椒一起混合均匀后，与黄瓜拌匀即可。黄瓜容易出水，但也好入味，所以作为凉菜上桌的时候最好随拌随吃，不要放置太久，避免出汤太多影响口感。

Tips（小贴士）举一反三

- 原料中的紫苏叶子自带一股清香，平时常用在河鲜类菜肴中起到去腥提香的作用，和黄瓜拌在一起特别好吃。如若买不到紫苏叶子，可以用香菜替代。

- 无论是紫苏叶子还是香菜，都有非常浓郁的香气，完全可以决定一道菜的风味。简单地变换这样一种食材，就可以让菜呈现完全不一样的风味，这是一个非常基础而且好用的调味技巧。

姜汁豇豆

√少油 √低卡 √少糖 √低脂 √低碳

原料

① 豇豆大约 250 克，豇豆量不宜过多，因为调味汁的量不易掌控。

② 老姜 1 块，约大拇指大小，最好选用姜味浓郁的小黄姜；

③ 鸡汤 1 小碗，大约 50 毫升，不建议省略鸡汤，如果真是懒得准备鸡汤，那我会建议你用一点点鸡精；

④ 盐半茶匙；

⑤ 生抽半瓷勺；

⑥ 香醋 1 瓷勺，建议用香醋，而不是陈醋、米醋；

⑦ 可以根据自己的喜好再加 1 茶匙香油。

Tips **美味升级**

- 在选用老姜的时候，尽量选图中右边这样的小黄姜。这种姜味道浓郁，香辣带甜，姜汁也更充沛。在湖南、贵州、云南都有产，网上可以买到。

步骤

1. 切姜末

将小黄姜用铁勺或水果刀的刀背轻轻刮去表皮。

去皮后的老姜先切片，再切末。

如果可能的话，最好能够捣碎成姜泥。因为我们要的就是浓郁的姜味，捣碎的效果最好。

- 可以用擂钵和擂棒捣碎成姜泥，擂钵可以用来做"皮蛋茄子擂辣椒"，也可以用来磨干果、磨青酱、磨猪排饭里要用的芝麻。
- 或者用下面第二幅图中的婴幼儿辅食磨泥器，大约 10 元一个，比擂钵磨得更细。缺点是手捏住的姜块部分会磨不到，略有一点儿浪费。

2. 冲姜汁

在制作姜汁的时候，将鸡汤烧沸，趁热冲入装姜末的碗里。然后静置5分钟左右，让姜味充分散发出来。

Tips 美味升级

- "姜汁味"是传统川菜的一个味型，这个调味方式适用于很多食材和菜式。冲姜汁的步骤，是产生姜味的关键。
- 很多人在做"姜汁皮蛋"的时候，都是用老姜、香醋和一点儿盐，调匀之后拌上皮蛋就完事儿了。这种做法没错，但味道会有一点儿寡淡。想想就明白啊，仅仅三味调料，还都是比较单一风格的调料，确实无法奢望它们出彩。
- 姜汁里最重要的一味配料，当属鸡汤。冲姜末的鸡汤要热，才能迅速激发出姜味。顺便也可以把盐放到碗里，利用热鸡汤的温度帮助它快速融化，这样调味能更准确。
- 为什么一定要用鸡汤？清水行不行？不就是要个姜味吗？
  不行。姜汁里会用到的几味调料都太寡淡太单薄了，不够刺激味蕾。用姜汁拌的食材大部分也都很素，没有油脂，不会自带鲜味，所以用鸡汤还有增鲜的效果。

3. 焯豇豆

趁着等待姜汁的时候，刚好烧水焯豇豆。水沸后滴入几滴油，再放入洗净切段的豇豆。中火煮 30~60 秒，直到豇豆全部变色之后就可以捞起来，用凉白开或冰水快速冲洗，帮助它"锁色"。

4. 调汁

浸泡了一会儿的"老姜＋鸡汤＋盐"的混合物，先加入生抽，然后加入香醋，拌匀调成料汁。生抽也有提鲜的效果，这样有了生抽和鸡汤的"加持"，这碗料汁的味道就丰富多了！

- 这道凉菜里用到了醋，在此特别强调要使用香醋，而不是陈醋。这两种醋的区别在于：香醋是糯米酿造的，陈醋是高粱米酿造的。香醋的风味更香、更柔，不刺激，而陈醋的酸味更浓烈。我经常用香醋来拌凉菜，但香醋的香气很容易挥发，所以尽量在菜肴上桌之前再添加。
- 将拌匀的调味汁淋到焯好的豇豆上就可以上桌啦。姜、醋加上鸡汤的鲜混合在一起，隐隐约约有一点儿螃蟹的风味呢！

Tips 举一反三

- 同样的调味汁也可以用来拌皮蛋。楼下超市随手买来的几个皮蛋，虽然看起来普通，但用这个调味汁拌出来别有味道！香醋中和皮蛋的碱味，调味汁的鲜美度也让菜品提升了一个层次。

- 不过需要注意的是，如果想偷懒用鸡精代替鸡汤的话，在这里就不适用了，因为皮蛋的碱味与鸡精结合会产生很奇怪的味道。

了解食材：豆腐

市面上销售的豆腐林林总总，我们应该选哪种，怎么吃？

首先，我会尽量避开腐竹、油豆皮、油豆腐之类的食材，虽然好吃而且蛋白质含量颇高，但含油量不容小觑，很容易不知不觉地摄取过多脂肪，算算热量实在太可怕。所以在豆制品里，更推荐的是豆腐、豆腐干，好吃、有营养、热量低，烹饪方式也多种多样。

无论豆腐的制作方式如何，用的是什么豆子（如黑豆、黄豆）、用的是什么凝固剂（盐卤、石膏粉或葡萄糖酸内酯），基本上都可以从豆腐的质地和含水量来分类，从而判断如何烹饪。

内酯豆腐的质地最嫩，含水量最高，适合凉拌和红烧。内酯豆腐的表面非常光滑，不易入味。在凉拌时捣碎豆腐或者使用一些容易渗透进豆腐的液状调料都能帮助入味。如果拿来红烧的话，就一定要用味道厚重的酱汁，以勾芡的形式让芡汁挂在豆腐表面，吃起来才不寡淡，麻婆豆腐就是这种烹饪技巧的典型代表。内酯豆腐在烹饪时很容易出水，可以通过在盐水中预煮的方式去掉一些多余的水分。同时，内酯豆腐易碎，如果需要保持形状完整的话，要尽可能在烹饪操作中用"推"的手法代替"铲"或"搅拌"。在出锅的时候提起锅倾倒，也能让豆腐形状保持得比较完整。

其他种类的豆腐，如南豆腐、韧豆腐等都接近内酯豆腐质感，但又比内酯豆腐的含水量稍微少一些，都可以参考内酯豆腐的处理方式来烹饪。

对于北豆腐、冻豆腐这种含水量略少，自带孔隙构造的豆腐种类，我最喜欢的烹饪方式是红烧和煮汤。孔隙大就容易入味，只要把汤底的风味调对了，就会做得很好吃。

至于各式各样的豆腐干，我推荐和其他食材一起凉拌、蒸、炒，但一般不用来煮、烧或炖汤。豆腐干的味道是比较单一无趣的，搭配多一些的食材，会有 1+1>2 的效果。另外，豆腐干的质地比较细密，调味很容易浮于表面，导致外面咸、里面淡。建议尽量切细、切薄，或在蒸、炒前用生抽之类的调料提前腌制，就会改善很多。

秋葵拌豆腐

√无油　√低卡　√少糖　√低脂　√优质蛋白　√无动物脂肪

原料

① 韧豆腐或绢豆腐 1 块，大约 350 克，这里不适合用内酯豆腐，因为内酯豆腐过于软嫩，也不适合用北豆腐，北豆腐口感太老；

② 秋葵 3~4 根；

③ 日式淡口酱油或寿司酱油 1 瓷勺；

④ 柴鱼片 1 把。

步骤

1. 煮豆腐

将整块豆腐放入沸水里煮 30 秒左右捞出，浸泡在凉水中，泡凉后捞出，切成容易入口的 1.5 厘米见方大小。将豆腐先焯烫，一是为去豆腥味，二是可以煮掉多余的水分。

2. 焯秋葵

同样将秋葵放入沸水里焯烫 30 秒，捞出来冲凉水，切去蒂部，纵向剖成两半，码在豆腐块上，淋上淡口酱油或寿司酱油，撒上柴鱼片就可以了。

蘸水豆腐

√少油　√低卡　√少糖　√低脂　√优质蛋白

原料

① 卤水豆腐 1 块，大约 350 克；

② 鸡汤 1 碗，大约 400 毫升；

③ 小米椒 2 根；

④ 大蒜 2~3 瓣，老姜 2 片；

⑤ 盐 1 茶匙；

⑥ 生抽、老抽、香醋各大半瓷勺；

⑦ 韭菜 2 根，切成碎末；

⑧ 小葱和香菜各 3 根左右，切成碎末，葱花和香菜的分量分别大约为韭菜的 1.5 倍；

⑨ 花椒油大约 1 茶匙，可以根据自己的喜好增减，喜欢吃辣的人可以再加一点儿辣椒油。

步骤

1. 焯豆腐

焯豆腐的目的主要有两个：一是去掉豆腐里多余的水分，二是去掉豆腥味。把切成大约 1 厘米厚的豆腐放入沸水中，加 1 茶匙盐（图中分量外），煮 30 秒左右捞出，沥干并放凉。

2. 调蘸料

把小米椒、蒜瓣、老姜都切碎，和其他调料混合均匀后，最后拌入韭菜末、葱花和香菜，焯好的豆腐蘸入这份调料即可食用。

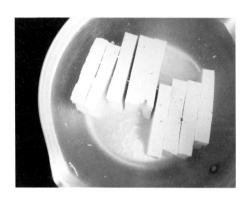

烧手掰豆腐

原料

① 北豆腐或木棉豆腐 1 块，350~400 克；

② 泡发的香菇或花菇 1~2 个；

③ 泡发的木耳 2~3 个；

④ 金华火腿 1~2 片，可以用咸肉代替；

⑤ 虾干 3~4 个；

⑥ 新鲜冬笋或春笋，去皮后的大约 50 克；

⑦ 老姜 2~3 片，大蒜 2 瓣；

⑧ 青蒜 1 根，留青蒜的下半部分，可以用小葱代替；

⑨ 盐 1~1.5 茶匙；

⑩ 油 1 瓷勺（图中未列出）。

　　在选择原料的时候不需要太拘泥，整体选择容易做出鲜味的食材就可以了。食材可以多选用几种，这样无论风味层次还是视觉效果都更丰富。

步骤

1. 掰豆腐

不必用刀切，直接将豆腐用手掰成均匀的大小，让豆腐的孔隙随意分布，以便更好地吸收味道。

2. 处理其他食材

- 虾干用清水浸泡 10 分钟左右，捞出沥干；
- 老姜切片，蒜瓣去皮拍碎；
- 泡发的香菇或花菇切成薄片；
- 木耳和火腿切成大片；
- 笋去壳后切成薄片，并放入凉水中煮沸后转小火煮 5 分钟，去除部分草酸；
- 青蒜切成马耳朵形状，如果用的是小葱就切成葱段。

3. 煮汤

向不粘锅里倒入大约 1 瓷勺油，先将比较耐热的和自带香气的姜片、蒜瓣和虾干翻炒 1~2 分钟，直到散发出明显的香味。同时另起一只汤锅，煮沸一锅水。

往不粘锅里再加入除豆腐之外的其他食材，一起翻炒一会儿。

最后放入掰开的豆腐块，加入足够没过食材的沸水，再加入 1 茶匙盐，用中大火煮。

- 在这一步里似乎没有太大的必要强调使用沸水，事实上，在这道菜中不管使用沸水还是凉水来煮汤，在口感上并不会有太大的差别。使用沸水更容易影响到的是出品的颜色，因为沸水对油脂有乳化作用，加入沸水比加入凉水煮出来的汤色更白、口感更浓郁。在没有使用猪油、高汤之类原料的情况下，在视觉效果上也能有一种"风味更浓郁"的感觉。
- 使用中大火煮5分钟左右，保持汤汁的沸腾状态。最后尝一下汤汁的咸淡，并适时做一些调整，再加入青蒜就可以出锅了。

- 因为在烹饪过程中会蒸发水分，任何汤类都在一定程度上存在着盐放晚了不入味、放早了容易过咸的矛盾。大部分汤类我都会建议在出锅前几分钟尝一尝咸度，在这个时候放盐是合适的时机，在入味和咸度合适之间可以达到一个很好的平衡。
- 不过处理牛肉会比较特殊，放盐太早会导致牛肉煮不烂，至少要在牛肉炖煮到软烂了之后再开始调味。鱼、豆腐这一类食材则需要多煮才入味，盐需要放得早一点。
- 这道豆腐汤的烹饪时间比较短，因为既需要豆腐彻底入味，又担心水分蒸发之后偏咸，我的建议是分两次放少量的盐，第一次放盐，目的是让豆腐入味，第二次放盐的时机是在出锅前尝尝咸淡并做出调整，这样就不容易出错了。

举一反三

- 由于豆腐自带的孔隙有卓越的吸味功效，简单更换不同的汤底就能给这道菜带来截然不同的味道。清水烹煮的搭配最为基础，也可以把清水换成猪骨汤或鸡汤，鲜味加倍。
- 我甚至还试过在清水中兑上 100 毫升左右的黄豆豆浆——豆浆不宜多，否则容易有一股豆子特有的涩味，也容易煮煳，100~150 毫升就足够了——能给这道菜带来更浓郁的色泽和豆类的香醇口感，是很能上得了台面儿的家常菜。

干贝煮丝瓜

√少油　√低卡　√无糖　√低脂　√低碳

原料

① 丝瓜两条，约750克；

② 小个儿的干贝（瑶柱）大约10颗；

③ 大蒜2瓣，去皮拍碎成蒜末；

④ 盐半茶匙；

⑤ 油1瓷勺（图中未列出）。

Tips 美味升级

• 市面上能买到的丝瓜有好几种，其中广东地区常见的胜瓜表面有棱，食用的时候一般只用稍稍去青，在烹饪的时候更倾向于做成清脆一些的口感。

• 其他地区常见的丝瓜外皮偏绿，表面无棱，一般会完全削皮之后再烹饪，口感更柔软。在湖南、浙江等地区还能见到一种白丝瓜，比普通丝瓜的颜色要浅，味道更清甜。华北地区的丝瓜水分少，而且会带一点儿泥土的腥味，不太适合做这道菜。

步骤

1. 处理干贝

将干贝用能没过食材分量的清水浸泡 2~3 个小时，然后放入沸水锅中小火蒸制半个小时~1 个小时。

将彻底蒸发的干贝撕掉黑色的脏线，用指腹碾压成干贝丝。因为浸泡干贝的水可以直接在烹饪的时候使用，所以水量不宜太多，这样可以尽可能地保留干贝的鲜味，在烹饪的时候全部用上。

2. 处理丝瓜

将丝瓜去皮后切成手指粗细、大拇指长短的粗条。

Tips **美味升级**

● 丝瓜是非常容易氧化的食材，最好在快下锅之前再削皮。如果想提前做准备的话，可以把切好的丝瓜浸泡在清水里，在清水中滴入几滴柠檬汁，防止丝瓜氧化变黑。

3. 炒丝瓜

将炒锅烧热后放入大约 1 瓷勺油，用中火炒香蒜末，然后放入丝瓜条翻炒半分钟。倒入泡干贝的水，继续翻炒到丝瓜体积缩小到原来的一半，再加盐翻炒均匀出锅。

Tips 美味升级

- 同样因为丝瓜容易氧化变黑，这道菜不宜太早放盐。
- 干贝的鲜结合丝瓜的清甜，连汤带籽都很好吃呢！

蚝油焖花菇

√少油　√低卡　√低脂

原料

① 大个头干花菇 5~12 个（图中未列出）；

② 最好准备 1 块洗净的鸡皮，这是这道菜的亮点，鸡皮在菜市场禽肉类摊位都有卖，或者可以直接从鸡肉上撕下一块；

③ 老姜几片；

④ 葱 2 根，打成葱结；

⑤ 红葱头 1 个（不好找的话可以省略）；

⑥ 香叶 2 片（图中未列出）；

⑦ 盐约 1 茶匙；

⑧ 白砂糖约 1 茶匙；

⑨ 淀粉 1 汤匙 +1 汤匙，1 汤匙用来清洗花菇，另 1 汤匙用来给汤汁勾芡；

⑩ 蚝油 1 瓷勺；

⑪ 如果有鸡汤的话最好准备 1 杯，是加分项；

⑫ 油 1 瓷勺（图中未列出）。

Tips **美味升级**

- 关于花菇：花菇和香菇是同源品种，可以简单理解为花菇是冬天的香菇。花菇长在冬天，表面会因为气候干燥而裂开，产生好看的纹路。因为生长的季节寒冷又干燥，所以肉质特别肥厚，鲜味也更浓郁。
- 为什么这道菜要选用花菇，香菇可不可以？答案是可以，做法也是一样的，基本上大部分菜肴能用到花菇的地方都可以用香菇来代替。这个回答也可以是否定的，因为香菇和花菇的口感实在是差太多了，品质再好的香菇也无法达到花菇那样肥厚的肉质，所以还是推荐用花菇。还有在挑选的时候注意，花菇的"帽子"部分越厚越好，柄部越短越好。

步骤

1. 泡花菇和洗花菇

至少提前 4 个小时将花菇用清水泡上，泡至柔软没有干硬的部分。之后，把泡好的花菇盛出来，泡花菇的水留着备用。将泡好的花菇加上 1 汤匙淀粉，再加新的清水，顺着一个方向稍微搅动，这是为了洗掉菌褶里可能留有的泥沙。

现在市面上买来的花菇都不是很脏，搅动几次就差不多干净了，不需要太用力。把花菇放到清水下冲洗，将淀粉冲洗干净即可。

2. 焖花菇

向锅里倒大约 1 瓷勺的油，用中火把姜片和葱段翻炒出香味，放入洗干净的花菇和鸡皮，倒入半杯鸡汤、半杯泡花菇的水，一起焖煮。总水量刚好没过花菇即可，多一点儿少一点儿也不太要紧。

用小火焖煮大约半个小时，如果是普通锅的话，注意不要让水煮干。在焖到 20 分钟的时候，加入蚝油、糖和盐调味。因为每个人用的花菇分量和水量不同，建议通过多次尝试来调整盐的分量。

Tips 美味升级

• 鸡皮在这里的作用确实有点儿神奇，虽说干货的菌类本身已很鲜美，但是鲜美之余好像总觉得差了点儿什么。这在平时并不会觉得，因为各种干货的菌类经常和肉一起烹饪，肉里的油脂给予了菌类充分的滋润。只用蘑菇没有其他配菜的话就会有点儿为难，虽然品质上乘的花菇已经足够美味，可是就差了那么点儿依然有遗憾。所以放块鸡皮一起焖煮，鸡皮里含有油分，并且油分含量相对较少，不多不少刚好够润滑花菇。在煮完后，整块鸡皮还便于捞出，是个很好用的小技巧。

3. 勾芡

将花菇焖煮好了之后盛出来备用，淀粉与水 1：1 兑成芡汁。舀 1 勺焖花菇的汤汁倒入炒锅里，和芡汁一起煮开到合适的浓度，注意汤汁不需要特别稠。

把汤汁淋到焖好的花菇上，这道菜就完成了。花菇的表面薄薄地挂着一层汤汁，香味浓郁，色泽好看。一口咬下去，着实比吃肉还过瘾。

了解食材：不同青菜适合的烹饪方式

在撰写菜谱的这两年里，我时常听到大家对于如何烹饪青菜的一些疑惑：为什么炒青菜容易变黑？到底哪种青菜适合炒、哪种青菜适合煮？青菜总是叶子熟了梗还生着，可是再炒又要炒老了，怎么办？

归根结底，我们需要先了解青菜的特点。

大白菜、娃娃菜等

大白菜，在我的家乡叫"黄芽白"，偏淡黄色，菜梗比菜叶出得多。娃娃菜像是缩小版的大白菜，但大白菜菜叶的比例会更大。无论是大白菜还是娃娃菜，口味特点都是清淡微甜。大白菜最好吃的季节是俗话所说的冬季"打霜"之后，那时甜度会更高。

大白菜和娃娃菜甜度高、水分大、耐久煮。利用这样的食材特点，可以将它们焖、烧、蒸。当然也可以搭配肉类一起烹饪，清淡的风味有利于解腻，同时又能提高整个菜肴的甜度。具体的菜谱可以参考"原汁蒸白菜""白菜焖鸡肉"等。

大白菜和娃娃菜当然也可以用来炒，如果是炒的话，建议先把菜梗横剖切段，再和菜叶分开下锅，这样更有利于菜梗和菜叶的熟度统一。

小白菜、上海青等

无论是小白菜、上海青还是小棠菜，这一类的特点都是菜叶多、口感爽脆，并且比大白菜的颜色更青翠。一般常见的烹饪方法是炒，或者在焖饭、煲汤的菜肴中最后加入。

如果是炒小白菜，难免容易碰到熟度不均的问题，建议把菜梗纵向一切为二，就容易保持熟度一致了。如果想在焖饭、煲汤中加入小白菜，也可以视情况切丝或一切为二。务必当菜肴快出锅的时候加入，刚刚熟即可出锅，以免颜色变黄不美，口感也失去清脆感。

小白菜、上海青等，同样是在冬季"打霜"之后更软糯清甜。

菜心、芥蓝

常说的"菜心"有两种含义，一种通指蔬菜最嫩的部分，另一种指的是菜薹中间小黄花将开未开的嫩叶和花的部分。我们讨论的菜心的烹饪方法，指的是后面一种。这种菜心从品种上说属于白菜的变种，但单独拿出来和芥蓝一起说，是因为这两种食材的质地、口感和烹饪方法都比较相似。

在择菜和加工菜心和芥蓝的时候需要注意如下两点。一是可以把菜切成 12 厘米左右长度的段。菜心和芥蓝都挺拔爽脆，改成这个长度后，入锅容易翻炒，上桌也会美观。二是如果对菜心、芥蓝炒制的火候没什么把握，害怕叶子炒老而梗还没有熟透的话，不妨把梗部切成薄片或一切为二，这样的食材形状对于厨房新手来说会更好掌控。

对于菜心和芥蓝，还有一个比较容易的做法是白灼后直接上桌，或者在白灼后摆在煲仔饭、焖饭上面。在白灼的时候要注意，焯烫的时候在水里滴几滴油，熟透之后尽快把青菜浸入冷水或冰水中，帮助青菜"锁色"，这样熟透的青菜不容易发黄。

芥菜

芥菜的品种多样，无论是梗部肥大又粗犷的大芥菜，还是经常被用来制作酸菜的叶芥菜，都有一个共同的特点：口感清苦。这个清苦的味道让芥菜有了更多的搭配选择，不提清炒、蒜蓉之类的常规做法，还可以将芥菜切碎后用姜末、蒜末和辣椒末爆炒，或者煮在高汤、米糊里，风味绝佳。

在处理芥菜的时候，因为芥菜梗既宽且厚，要特别注意把梗部改刀切小一点儿。可以根据自己的实际需求，切成条、片或者1厘米见方的丁。

生菜

生菜的形状和颜色非常多样，中餐所用的生菜以球生菜和直立生菜两种最为常见。生菜易熟百搭，白灼、炒（蒜蓉炒、蚝油炒）、下火锅或煮汤都非常美味。因为生菜的叶片不规则，容易积攒水分，在炒生菜之前一定要尽可能沥干水，否则叶片上残留的水分，加上生菜本身析出的水分，就可能导致一盘炒生菜有半盘子汤，味道被严重冲淡，成品也不美观。

菠菜

对于菠菜，清炒或煮汤都很好吃，也有人喜欢把它焯熟之后挤出汁儿，用来制作面食，做法多种多样，此处不再赘述。这个食材最麻烦的一点就是草酸过多，吃着容易觉得"涩口"。我用的办法比较"偷懒"，只购买有手掌长度或者略微长一点儿的嫩菠菜，草酸味道就会减轻很多。

另外，对于很多不太喜欢菠菜根（红色的部分）的人，我的处理办法是：用小刀轻轻地刮掉菠菜的根须，洗净泥沙之后保留它和菠菜叶一起烹饪。口感清甜好吃，不妨一试。

原汁蒸白菜

√无油 √低卡 √低脂 √低碳

原料

① 大白菜半棵，大约 500 克，可以用娃娃菜代替；

② 干贝 6~7 颗；

③ 干花菇 2 个（如果对菇类没有那么偏爱可以减到 1 个）；

④ 老姜 2 片；

⑤ 盐 1 茶匙，白砂糖半茶匙；

⑥ 点缀用的小葱 2 根，切成葱花（图中未列出）。

　　如果不喜欢原料中的干贝和花菇，可以用金华火腿丁、泡发的虾干等鲜美的食材来代替。

步骤

1. 蒸发干贝

天然干贝要发透才好吃，大个儿的干贝需要浸泡和蒸制比较长的时间，如图中所示大小的干贝，我会先用冷水浸泡半个小时，上锅再蒸半个小时，然后用指腹轻轻把干贝捏到松散。

处理干贝时，先将干贝略冲洗一下，用小半碗清水浸泡，浸泡之后无须换水，直接用泡干贝的水一起蒸。用来浸泡干贝的水小半碗就够了，不用太多，这些水之后会当作调料的一部分被用到。

要仔细观察蒸发好的干贝，有些贝柱上带有黑色的脏线，要撕掉。有些人觉得干贝有点腥味，那么可以在蒸发的时候加 2 片老姜和 1 茶匙料酒，像我这样喜欢海鲜味的人就不用。

2. 处理食材

将洗好的白菜切掉根部，依白菜的生长方向来看，纵向剖成 4 条，然后横向切成大拇指长度的段。

另外，把泡发的花菇切成丁，老姜切成姜末。干花菇会比新鲜花菇香气更浓郁，建议提前泡发 2 个来备用。

3. 蒸白菜

将切碎的姜末和花菇丁均匀地撒在白菜上，然后把盐和糖放入蒸干贝的碗里搅拌均匀、溶解，再用小勺均匀地淋在白菜上。务必将盐和糖先放到热乎的干贝汤里溶解一下，因为直接撒到食材上容易造成咸淡不均。

在蒸锅里的水烧沸后把碗放入，无须盖住碗口，盖上锅盖转小火蒸 20 分钟，撒点儿葱花就可以上桌了。

味道可用一个字来概括——甜；两个字——鲜甜。

烹饪技巧：炒青菜的小窍门

炒青菜总是炒得水汪汪，要么油太多要么油太少，菜叶炒得发黄看起来没胃口……看似很简单的炒青菜，实际上可能比很多大鱼大肉都难操作。

炒青菜之难，大部分都难在家庭厨房的设备条件上。餐厅的做法是旺火热油，快速炒熟出锅。家庭厨房的火力总是不够，锅也小，青菜一入锅，锅立即降温，爆炒一下子就不由自主地变成半炒半煮，做出来的青菜肯定不会好吃。

撇去调味方式不说，家庭厨房炒青菜到底怎么控制火候？

先把青菜的水分沥干——这大概是最容易被忽视的一步。洗完的青菜会带有不少水，不充分沥干的话，这些水分一入锅就会让炒锅里的温度迅速下降，炒出来的菜一定不会好吃。至于炒青菜需要什么调味、用什么火候，那都在沥干水分之后再说。

说起炒青菜的火候，讲究的旺火热油、快速翻炒、青菜刚断生就出锅，这些都是餐厅出品的标准。说起来很简单，可是在家庭厨房很难实现。

旺火热油是为了避免青菜入锅后出水过多，家庭厨房在这一点上就有先天缺陷。我一般会开最大火，先烧热炒锅之后再倒入食用油，油烧到微微冒烟之后再放青菜，放入青菜之后马上翻动避免炒煳。先保证炒锅是足够热的，其次全程保持大火，是在家庭厨房里最能有"旺火热油"感觉的做法了。当然，这个锅最好是普通的铁锅，而不是不粘锅，不粘锅既不适合空烧，也很难保持温度。

快速翻炒不用多说，但是青菜刚断生就出锅是什么意思呢？不知道你有没有发现，有时候炒完青菜之后刚出锅的时候卖相还不错，但是过一会儿装青菜的盘子里的水就越来越多，青菜的颜色也变黄，没有刚出锅时那么好看了。这是因为菜肴装盘之后有余热，这部分的火候需要在炒菜的时候计算进去。所以，青菜在刚断生的时候就出锅，利用余热让青菜完全熟透，是最佳的做法。

关于炒青菜，还有一点要注意的是放盐的时机。盐的渗透压作用，会让食材出水。如果你希望成品的口感脆爽，并且这个食材本身的含水量不高，那么可以在往锅里加食用油的时候就放盐。如果食材含水量非常高，也可以用提前放盐腌制的方式来处理，去掉多余的水分，比如书中的"黄瓜炒肉"就是这么处理黄瓜的。如果食材的含水量很高，无法提前去除多余的水分（比如各种叶类蔬菜），最好的办法还是在出锅前放盐调味，然后尽快出锅，避免菜肴出水。

空心菜两吃

√低碳　√无动物脂肪

在菜市场上买的空心菜大概有两种：一种梗细短、叶子多，择一择可以直接炒；一种梗比较粗长，炒的时候需要注意步骤和火候，或者直接把梗、叶分开炒，可做出很多菜式。空心菜的做法简单，美味可口，感觉足够吃半个夏天。

蒜蓉炒空心菜，是空心菜做法中最基础的一种。配料简单到只有蒜蓉一种，张爱玲说："炒苋菜没蒜，不值得一炒。"这句话放到空心菜上也是合适的。让蒜蓉炒空心菜的味道升级的妙招是锅要热、蒜要多。

原料

① 空心菜一把，约 400 克，建议买梗比较细短的品种（南方较多），或者只取空心菜叶子；

② 大蒜 5~6 瓣，剁碎成蒜末；

③ 盐大约 1 茶匙。

④ 油 3 瓷勺（图中未列出）。

如果想把梗和叶炒到一起的话，可以参考"腐乳炒空心菜"的做法。

步骤

1. 择空心菜

对于梗特别粗长的空心菜，我会把叶子摘下来，梗留用，再单独炒一盘菜。如果是菜梗比较细短的空心菜（南方较多），直接掐成段来炒，无须将菜梗和菜叶分离。

把空心菜分成梗、叶两堆，用手掌压一下梗的部分，你可以把它想象成捏塑料包装上的空气泡泡，把本身比较挺立的空心菜梗压扁。

2. 炒空心菜

锅里先不要放油，将空锅烧到微微有一点儿冒烟，再倒入大约 3 瓷勺的油，迅速放入蒜末。用锅铲快速翻炒出香味，倒入空心菜叶子，加大约 1 茶匙的盐，炒到菜叶变色、变软之后就可以出锅了。

Tips 美味升级

- 将炒锅空烧，直到有一点儿冒烟，是为了让炒锅的温度足够高，从而缩短绿叶菜的烹饪时间。如果油温太高，蒜末一入锅就会煳掉，所以要在热锅凉油的状态下放入蒜末，迅速翻炒，然后立即放入空心菜叶子，再翻炒几下就能出锅。
- 用经典的蒜蓉炒空心菜做法做出的菜，蒜味很香，空心菜也不容易炒过火发黑。一定要多用一点儿蒜，蒜香对空心菜的味道实在是很重要，否则空心菜就空有清脆爽口的"躯体"，没有"灵魂"。

腐乳炒空心菜，是另一种调味思路。

原料

① 空心菜一把，约 400 克；

② 大蒜 5~6 瓣，剁碎成蒜末；

③ 盐大约 1 茶匙；

④ 腐乳汁大约 1 汤匙，也可以把
腐乳块压碎，与 1 汤匙差不多
的量就可以；

⑤ 油 3 瓷勺上（图中未列出）。

步骤

1. 择空心菜

和蒜蓉空心菜的第 1 步相同。

2. 调味

热锅凉油，将蒜末、腐乳汁倒入锅里炒香。

3. 炒空心菜

向锅里放入空心菜梗，翻炒约 1 分钟，直至空心菜梗变色。最后加入空心菜叶子、盐，一起炒匀出锅就完成了。

Tips 美味升级

- 因为空心菜梗和叶子的成熟时间不一样，将两个部位分开处理，先炒菜梗，后炒菜叶，这样能保持在出锅的时候食材熟度是一致的。

- 腐乳汁本身有一定咸度，而且每个品牌的腐乳汁咸度不同，所以一定注意炒至一半的时候自己尝尝咸淡再酌情加盐。

- 青菜的炒法大同小异，很多时候只需要注意：食材切割要均匀，调味要适合不同的青菜。有些青菜有特别的调味搭配，不妨试试看。
- 拿芥蓝来说，除了白灼之后蘸酱汁、用蒜蓉蚝油炒，也可以试试用姜末（或姜汁）配鱼露。把芥蓝洗净之后连叶带梗切薄，遇到比较长的菜梗直接切成薄片，这样可以让芥蓝入锅后粗梗和叶子受热均匀一致。
- 中火热油炒香姜末后，放入芥蓝爆炒，用大约 1 瓷勺的鱼露来调味，成品芥蓝会呈现些许甜鲜味，这是我喜欢的搭配。

Tips **举一反三：虾酱炒生菜**

- 除了蒜蓉炒生菜、蚝油炒生菜，我有时候也会用虾酱搭配生菜。选用 500 克罗马生菜，大约半瓷勺虾酱，3~4 瓣蒜去皮拍碎备用，和一点儿干辣椒。

- 烧热油之后转小火，炒香调料。调料依次入锅的顺序是：拍碎的蒜头、虾酱、冲洗过的干辣椒。火不要太大，以免调料煳锅。注意干辣椒要先冲洗，沥干之后再入锅。这样既可以冲洗掉干辣椒在晾晒过程中沾上的泥土和浮尘，也可以避免辣椒过干而快速被炒煳。

- 每种调料都炒出香味之后再放入下一种，尤其是虾酱，一定要充分炒透，发酵的咸臭味才能转化为香味。最后转大火放入洗净沥干的生菜，炒熟后可出锅。

了解食材：鸡蛋

鸡蛋的选择和保存

现在市面上的鸡蛋品种有很多：柴鸡蛋、乌鸡蛋、五谷蛋、富硒鸡蛋……撇开鸡蛋的营养性功能不说，选择鸡蛋的第一要素应当是新鲜。

判断鸡蛋是否新鲜的办法有很多，比如将整枚鸡蛋浸入水中，如果鸡蛋能下沉躺在容器底部，那么这枚鸡蛋是新鲜的；又如观察鸡蛋的"气室"，也就是鸡蛋的钝端，不新鲜的鸡蛋气室会慢慢变得越来越大；在打开一枚生鸡蛋后，蛋清越稀、蛋黄越散，也能说明鸡蛋越不新鲜。

这些判断方法大多是在买回鸡蛋之后才能检验，在购买鸡蛋的时候应当如何做呢？如果鸡蛋的包装上有生产日期，请看生产日期，尽量买三天内生产的新鲜鸡蛋；如果在超市购买鸡蛋，尽量选择冷藏状态而不是常温状态下的鸡蛋。另外，市场上如果售卖打折的破壳鸡蛋，最好不要购买，因为这种鸡蛋可能已经感染细菌。

国内没有生食鸡蛋的统一标准，事实上，对于标记了"可生食"字样的鸡蛋，也无法保证生食安全。有人为了美味甘于冒险，不过仍要对此有所了解。

在鸡蛋买回来之后，应当尽快放入冰箱冷藏，并且尽可能不放在冰箱门上，以减少鸡蛋的晃动次数，保证它的新鲜度。宁愿少量多次地购买，也不要囤积太多鸡蛋。

还有，在鸡蛋买回来之后不要清洗，以免破坏鸡蛋壳上的保护膜。在烹饪之前应该冲洗蛋壳，避免沙门氏菌的污染。

鸡蛋的烹饪

在烹饪鸡蛋的时候，除了最重要的新鲜度，还需要注意鸡蛋的大小。因为鸡蛋对温度非常敏感，所以鸡蛋的大小会直接影响到烹饪时间。

这个大小当然无须非常严苛地称量一枚鸡蛋的重量，只需要把平时常见的鸡蛋依肉眼分成大号、中号、小号即可。重量在50克左右的鸡蛋算是中号，45克以下的是小号，55克以上的是大号，当烹饪鸡蛋尤其是希望鸡蛋不要全熟的时候，控制烹饪时间就变得很重要。

蛋清和蛋黄的成分和特性完全不同，蛋清的成分主要是水和蛋白质，加热到63℃~65℃的时候会逐渐凝固。蛋黄含有脂肪，要加热到65℃~70℃才会凝固。我们当然可以充分地利用这个特性来烹饪：在煮鸡蛋的时候，蛋清会比蛋黄先凝固；如果希望增加蛋白质摄入的同时减少脂肪的摄入，可以多吃蛋清少吃蛋黄；如果希望炒鸡蛋的口感更顺滑，可以加大蛋黄的比例；如果希望炒鸡蛋的颜色更鲜黄，也可以加大蛋黄的比例。另外，顺滑的蛋黄还可以当成一种天然酱汁。

白煮蛋、出汁煮鸡蛋和茶叶蛋

√无油　√低卡　√少糖　√优质蛋白　√低碳

鸡蛋对温度的敏感，最直接地体现在了"白煮蛋"上。我曾经看过很多国外厨师或机构出的书籍（特地说明这一点，只是因为西方的烹饪科学化进程开始得早），涉及鸡蛋的部分会用详细的图片和文字记录下鸡蛋煮到第 3 分钟、第 4 分钟、第 5 分钟……甚至第 15 分钟、第 20 分钟时候的状态。

我自己也做过几次实验，但因为鸡蛋的大小、每次煮鸡蛋的个数、蛋黄是否位于鸡蛋中央、鸡蛋的新鲜程度和煤气灶火力的不同，会有微小的差异，无法做到像在实验室般精准，所以蛋黄的状态也就存在着差异，但这不妨碍我们学会如何判断白煮蛋最合适的烹饪时间。

我煮白煮蛋的方法

取一只 16 厘米或 18 厘米的小汤锅，注入 1 升左右的水。如果鸡蛋是刚刚从冰箱冷藏室里取出来的，那么就直接冷水下锅，和水一起煮开，这样蛋壳不容易开裂。如果鸡蛋已经在室温中放置了半小时以上，恢复到了常温，可以在沸水状态下下锅，不过这样煮鸡蛋的时间会有所不同。

自家煮鸡蛋的水量当然不那么严谨，但一定要完全没过鸡蛋，否则露出水面的蛋清部分不容易熟透。

中大火煮沸之后，转小火继续掐表煮 5 分钟，然后把煮好的鸡蛋放入凉水中冷却。剥去蛋壳后，鸡蛋的状态是如 57 页图所示那样的：

蛋清完全凝固，蛋黄凝固了一半，蛋黄中心的位置还呈液状，可以流动，非常柔软。这是我最喜欢的白煮蛋状态，鸡蛋和清水一起煮沸后转小火煮 5 分钟就可以了，简单易操作。

而如果煮沸后转小火煮 4 分钟，鸡蛋的状态是这样的：

蛋清刚刚凝固，蛋黄几乎还没有开始凝固，可以充分流动。有时候碰到个头大一点儿的鸡蛋，蛋清最靠内侧的部分可能也没有完全凝固。

煮沸后转小火煮 6 分钟，鸡蛋的状态是这样的：

蛋黄接近完全凝固。蛋黄整体仍然非常柔软，没有变成粉状的质地。

从 4 分钟到 6 分钟，以每分钟为一个时间戳，鸡蛋所呈现的状态都会截然不同。再继续煮下去，蛋黄的凝固状态会越来越高，也会变得越来越干、粉，最后出现边缘为灰绿色的硫化状态蛋黄，那简直是我从小吃白煮蛋的噩梦。

无论如何，根据自家锅的大小和常用的鸡蛋尺寸试验几次，每次都用计时器精确计时，就能很容易获得希望的白煮蛋熟度。将白煮蛋进行再加工，做成各式风味的卤鸡蛋，也是基于自己喜欢的白煮蛋熟度的。

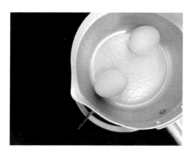

水沸后再煮 5 分钟的状态

水沸后再煮 4 分钟的状态

水沸后再煮 6 分钟的状态

出汁煮鸡蛋

"出汁"是日本料理中非常基础的高汤基底，以昆布和柴鱼片制成，成品清淡又鲜美。除此之外，只要再加一点调味和上色用的淡口酱油，就可以做出汁煮鸡蛋了。

原料

① 鸡蛋 2~8 个，能被汤汁没过即可（图中未列出）；

② 纯净水 1 升（图中未列出）；

③ 昆布 30 克；

④ 柴鱼片约 10 克；

⑤ 日式淡口酱油约 60 毫升。

昆布和海带不同，鲜度相差的程度不是一星半点儿，所以不建议用海带来替代。

步骤

制作出汁的步骤很简单：煮昆布、再煮昆布、撒撒柴鱼片、滤汤。

1. 煮昆布

想要保持昆布鲜味的话，一般
会推荐采取低温长时间烹煮。
家庭厨房的工具不好控制温
度，我建议利用电饭锅的保温
挡（温度一般是 65℃左右）焖
煮 40 分钟。

2. 再煮昆布

煮好的汤底呈现淡黄色，非常
香。连汤带料，也就是膨胀的
昆布，再倒入小汤锅里，转大
火煮。在汤刚要沸腾的时候关
火——避免鲜味流失。

3. 撒柴鱼片

关火后撒入柴鱼片，静置 10 秒。

4. 滤汤

将汤汁过滤，就得到一碗鲜美
的日式高汤——出汁。出汁凉
透后加入酱油，将自己喜欢熟
度的白煮蛋剥壳后放入，浸泡
过夜即可。

需强调的是出汁要完全凉透，
这是为了避免白煮蛋再次受热
而影响蛋黄的熟度。出汁鸡蛋的颜色虽然比较浅，但味道完全能渗透
到白煮蛋中，非常鲜美。

茶叶蛋

茶叶蛋在本质上是一种卤味，只是在卤味里加入了茶叶，取茶特有的清香。矛盾的是茶叶久泡易涩，所以很多茶叶蛋的配方会用大量的冰糖来平衡茶汤的涩度。因为考虑到控制糖分的摄入，所以我不太赞同这种做法，而是更倾向于用"浸泡"的方式来处理茶叶，这和泡茶方法异曲同工。

原料

① 鸡蛋 2~8 个，能被汤汁没过即可（图中未列出）；

② 八角 1 颗；

③ 桂皮 1 小块；

④ 香叶 2 片；

⑤ 丁香 4~5 粒；

⑥ 任意品种的红茶 10 克左右；

⑦ 冰糖 4~5 颗；

⑧ 老抽 1 瓷勺；

⑨ 生抽 1 瓷勺；

⑩ 盐 1 茶匙。

步骤

1. 煮卤汁

取大约 1 升的清水，加入冰糖、盐和所有的香料，大火煮沸后转小火
继续煮 15~20 分钟，目的是把香料的风味尽可能地煮出来。

煮好的半成品卤汁颜色会微微发黄。

倒入老抽和生抽，再次煮沸后立即关火。

2. 泡茶叶

将冲洗过的茶叶倒入卤汁中，关火浸泡 5 分钟。然后将卤汁倒出过滤，去掉所有的茶叶和香料。

将自己喜欢熟度的白煮蛋剥壳后放入凉透的茶叶蛋卤水里，浸泡过夜即可。强调茶叶蛋卤水要完全凉透，是为了避免白煮蛋再次受热而影响蛋黄的熟度。

茶叶蛋卤水不适宜太咸，否则蛋清的部分会咸得无法入口。白煮蛋完全剥壳后再浸泡，蛋黄的部分才容易上色和入味。

牛奶窝蛋

√无油　√优质蛋白　√低碳

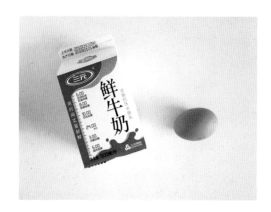

原料

① 牛奶约 300 毫升，可以根据自己的需求选择全脂牛奶或低脂牛奶；

② 新鲜鸡蛋 1 枚；

③ 如果喜欢甜度高一点儿，可以额外加 1 茶匙白砂糖。

步骤

1. 煮牛奶

架一口小奶锅或小汤锅，倒入牛奶后保持小火慢煮，直至液体边缘出现接近沸腾的小气泡，牛奶表面开始凝结奶皮。

之所以不用大火，始终保持小火慢煮，是为了降低牛奶扑出锅壁的概率。煮牛奶的小奶锅或小汤锅尺寸不要过小，如果牛奶装得太满，在牛奶煮沸之后很容易"溢锅"。如果用的锅的尺寸特别大，牛奶受热快，煮的时间就要相应缩短。我用一口底径约 16 厘米的雪平锅，煮到牛奶接近沸腾的状态需要 5 分钟左右。

在煮牛奶的时候尽量不要离开厨房，随时观察牛奶的状态，避免溢锅。如果牛奶不小心溢锅了，尽快用一块湿抹布擦拭锅壁外侧和灶台，会比较好清理。

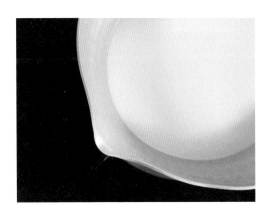

2. 卧鸡蛋

先将一枚鸡蛋打入一只小碗里，关火后将鸡蛋轻轻滑入锅中。不开火，让鸡蛋在牛奶中焖上 1 分钟。然后再开小火，煮 2~3 分钟，煮至自己喜欢的熟度。

放入鸡蛋后先关火，是为了让蛋清在已经足够高温的牛奶中凝固，不至于变成鸡蛋牛奶汤。如果一直关火的话，牛奶的温度不足以让蛋清完全煮熟，所以仍然需要再开小火煮上 2~3 分钟，这个时间是在我反复尝试后觉得比较适宜的。

我喜欢的熟度是蛋清完全凝固，但蛋黄还能流动。

用勺子戳破蛋黄，和牛奶轻轻搅动在一起，既滑又香，无论作为早餐还是甜品都简单、快速、好吃。

荤菜

注：本篇以荤菜为主

了解食材：猪肉

以家庭烹饪中常见的猪肉部位来说，大致可以分成以下这三类：

猪骨

猪大骨有棒骨、脊骨、扇骨等，大多数都用来熬汤。棒骨中骨髓比较多，油脂含量也比较丰富。脊骨和扇骨的肉质偏瘦，扇骨肉比脊骨肉更少，边缘还带软骨。如果是用来煲汤取其鲜味，我一般会选脊骨或扇骨。

排骨也属于猪骨，因为排骨肉一般带着肋骨一同切割，含有一定的脂肪，完全可以兼顾骨香和肉的香气口感。既可以煲汤，也可以烧菜，同时还可蒸、可炒、可油炸、可红烧。需要注意的是，排骨的脂肪含量不低，日常烹饪尽量多搭配素菜食用。

猪肉

五花肉、猪颈肉、猪腿肉、梅花肉都有肥有瘦，视不同的食材可以红烧、煲汤、油炸、蒸制、小炒、烧烤。处理这几类肉的总原则是：如果肉质偏肥腻，就要想办法给它解腻。解腻的方法有很多：可以用热油小火煸炒，可以长时间蒸制、焖烧或烤制直到肥油完全渗出，也可以用大量的素菜或干菜来吸收多余的油脂以达到解腻的效果。

里脊肉（小里脊、通脊）和腿肉适合切片、切丝炒制，腿肉也适合绞成肉末儿。我家常备的猪肉就是小里脊，不仅仅因为它更为健康——很不想强调一个食材因为健康就必须选择它，对我而言方便好吃是更重要的原因。周末在菜市场或超市采购的时候，可以买上1~2条小里脊，回家之后处理成肉片或者肉丝，然后分成每一顿需要的分量用保鲜袋装好放到冰箱冷冻保存。用之前，提前一晚放到冰箱冷藏室让它自然解冻。里脊肉本身肉质细嫩，搭配任何素菜炒起来都好吃。

至于猪颈肉、五花肉、梅花肉，脂肪含量相对略高，这种脂肪分布会给猪肉带来比较滑嫩的口感，但也会让人不知不觉地摄入过多。如果选购了这类食材，我会特别注意避免高糖、高油的烹饪方式。

猪内脏类

处理猪内脏时尽量把肉眼可见的脂肪去除干净，尤其是猪肚、大肠、小肠。烹饪的时候要么用大火快炒取脆嫩的口感（脆肚、猪肝、腰花、猪血、大肠等），要么用小火慢炖煮出软糯的口感（猪肚、猪肺、大肠等）。

黄瓜炒肉

√少糖　√低碳　√低脂　√优质蛋白

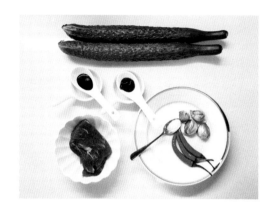

原料

① 黄瓜 2 根，约 400 克；

② 里脊肉 1 小块，100~150 克；

③ 大蒜 3~4 瓣，拍碎或切片均可；

④ 小米椒 3 根，切丝备用，不吃辣的人可以不加；

⑤ 老抽半瓷勺，蚝油半瓷勺，盐 1 茶匙；

⑥ 用来腌制肉的老抽半瓷勺，用来腌制黄瓜的盐 8~10 克（图中未列出）；

⑦ 油 4 瓷勺（图中未列出）。

步骤

1. 切黄瓜

将黄瓜洗净之后去掉头尾，纵向
剖成两半，然后切成薄片。黄瓜
比较细的一头是连着瓜秧的，味
道较苦，可以多切掉一些。

2. 腌黄瓜

将切片的黄瓜撒上盐腌制，400 克黄瓜使用了 8~10 克盐。不需要担
心盐的分量过多，腌完之后的黄瓜是可以冲洗掉咸度的。

腌制 10~15 分钟之后，如果黄瓜大量出水，这就说明腌制好了，失水
的黄瓜会变得比较薄。

将腌好的黄瓜倒掉多余的水分，用笊篱接着，在流动的清水下冲洗一
会儿，直到黄瓜没有明显的咸味即可。然后把黄瓜片放到笊篱上尽量
沥干水分。

Tips 美味升级

- 黄瓜沥干的步骤很重要，很多人总说："哎呀，为什么我一炒菜就溅
  油？为什么我炒的菜总是水汪汪的？"这是因为蔬菜本身就容易出
  水，入锅前要尽量沥干水分，炒的时候油温才不容易下降，味道也更
  好。肉类在入锅前用厨房纸巾擦干表面的水分，更容易煎或炒出香
  味，也更好上色。

3. 切肉腌肉

腌黄瓜的那 15 分钟用来处理肉，将里脊肉去除多余的筋膜，先切片后切丝，然后倒入老抽抓匀。

Tips 美味升级

- 如果想要肉质滑嫩，切肉的时候注意先把多余的筋膜去掉，然后切成均匀的片或丝。
- 若处理牛肉，一定要逆纹切，这样炒出来的肉不容易老。猪肉和鸡肉没有牛肉容易老，大部分人会顺纹切，炒的时候不容易碎。我切成逆纹是因为希望让肉丝呈现得更细碎一点儿，提提味就可以了。如何切还是要看个人喜好。
- 用老抽腌肉是因为老抽里含糖，而糖有利于肉类保水，腌制后的肉吃起来口感会更嫩。老抽有豉香味，也可以让腌制后的肉风味更好。那么用生抽行不行？也行，不过生抽比较咸，烹饪的时候容易调味不准，因此需要减少放入的盐。

4. 炒菜

往炒锅里倒入大约 2 瓷勺的油，把肉丝先放进去炒至半熟，盛出后沥干多余的汤汁备用。在这个过程中，保持中火，油烧到温热但不冒烟的状态即可，否则肉丝一下锅就老了。

将炒锅洗干净换新油，仍然是 2 瓷勺油，开中火烧热，炒香辣椒丝和蒜片。倒入沥干水的黄瓜片，炒匀。

依次加入盐、老抽、蚝油，再加入刚刚炒到半熟、沥掉水分和油分的肉丝，迅速地炒匀出锅即可。注意"迅速"两个字，肉丝放在锅里的时间不要太久，刚熟就要立即出锅。

半失水状态的黄瓜，清脆可口，非常好吃！

- 普通的白菜黄瓜都能做出许多花样，这是进厨房的乐趣所在。除了刀拍黄瓜、黄瓜蘸酱、蓑衣黄瓜的凉菜吃法，试着将黄瓜杀水，能得到新颖的口感：更脆、更韧。同样的办法还可以用来做莴笋、儿菜这类水分足够多又清脆爽口的蔬菜。
- 给儿菜杀水之后充分清洗掉盐分，尝一片确保咸度合适。
- 加入 1 茶匙蚝油、1 汤匙辣椒油或剁辣椒、1 茶匙香醋，就是一道简单爽口的凉拌儿菜。

- 莴笋去皮后切片，杀水。
- 杀水之后充分清洗掉盐分，最好尝一片确保咸度合适。和黄瓜炒肉的其他步骤一样，可以做成莴笋炒肉，清爽又开胃。

黄瓜拌猪蹄

√少油　√少糖　√低碳

原料

① 猪蹄 1 个，请卖家帮忙剁成大
　块，猪蹄有前蹄、后蹄之分，
　前蹄个小肉多，后蹄骨头多筋
　也多，这道菜建议使用前蹄；

② 黄瓜 1 根；

③ 煮猪蹄的香料：

　1）老姜 1 块，

　2）香叶 2 片，

　3）花椒 10 颗左右，

　4）桂皮 1 小块，

　5）八角 1 个；

④ 调汁：

　1）凉白开 1 碗，

　2）盐 1 茶匙，

　3）老抽和生抽各 1 瓷勺，

　4）香醋 2 瓷勺，建议不要用陈醋代替香醋，酸度和香味会完全不同，

　5）小米椒 2 根切碎末，可以视口味加上 3~4 瓣大蒜的蒜末，

　6）辣椒油 1 瓷勺，可以视口味加上 1 瓷勺花椒油，

　7）香菜 1 小把，不吃香菜的人可以换成香芹、小葱。

步骤

1. 焯水

将剁成大块的猪蹄放入凉水中，中火烧沸后关火。捞出焯好的猪蹄，冲洗干净备用。

2. 煮猪蹄

把焯过水的猪蹄连带老姜（姜事先用菜刀拍碎）、香叶、花椒、桂皮、八角，加入水一起放到锅里煮，煮 1 个小时。保持锅里一直有足够没过猪蹄分量的水，烧沸之后转小火，慢慢地再煮 1 个小时。

Tips 美味升级

- 用汤锅煮 1 个小时，看起来有些费工夫，能不能直接用高压锅把猪蹄给煮熟呢，这多节省时间？
  我的建议是不要。用高压锅炖的猪蹄，口感当然软烂，可是我们的这道菜是要凉拌着吃的，太过软烂的猪蹄浸在调味汁里会失去脆度。用小火煮 1 个小时后的猪蹄脆口好嚼，非常好吃，更适合这道凉拌菜。

3. 切猪蹄

煮好的猪蹄当然可以囫囵着端上桌，直接蘸调味汁吃。不过我想让它更入味，于是把猪蹄拆了一拆。已经煮了 1 个小时的猪蹄，可以轻易地用刀子切下它的肉。

剔掉骨头，把连皮带肉的猪蹄切成粗条。

如果碰到猪蹄里面有如左下图中的肥油部分，可以用刀尖剔掉。

4. 拍黄瓜

这一步和"紫苏拌黄瓜"中拍黄瓜的步骤相同，也是先拍碎黄瓜后切成小块。

5. 调汁

把盐、生抽、老抽、香醋、切碎的小米椒、蒜末（可选）一起加入凉白开里，根据咸淡适当调整。一定要尝一下调味汁的味道，味道太淡了可以用盐或生抽来调节。整个调味汁应该是以香醋为基底，微酸，咸度适中。

把猪蹄条和拍碎的黄瓜放入调味汁里面，再淋上辣椒油，撒上香菜就可以上桌。猪蹄脆口有嚼劲儿，又不会太韧，黄瓜清爽迷人，两者相结合味道正好。

胡椒白果猪肚汤

√少油　√无糖　√低碳

原料

① 新鲜猪肚 1 只，400~500 克；

② 清洗猪肚用的足量淀粉（图中未列出）；

③ 炖煮猪肚用的香料（图中未列出）：

　1）八角 1 颗，

　2）桂皮 1 片，

　3）香叶 2 片，

　4）拍碎的老姜 1 小块，

　5）花椒 10 颗左右；

④ 潮汕咸菜半棵，大约 100 克，如果猪肚比较小的话，可以减少咸菜的用量；

⑤ 老姜 2~3 片；

⑥ 白胡椒粒 30~40 颗；

⑦ 真空包装的白果肉（银杏仁）10 颗左右；

⑧ 盐 1 茶匙；

⑨ 如果能备上 1 升左右的简易鸡汤更好（简易鸡汤的做法在"皮蛋蘑菇鲜虾汤"中有具体的说明）。

步骤

1. 清洗猪肚

把猪肚上白色的肥油尽量撕干净，用小刀刮掉黄色的部分。

然后用大量的淀粉反复搓洗，一面洗完翻过来洗另外一面（一般内侧会有更多黏液）。

直到猪肚表面变得非常光滑，没有多余的黏液和油脂即可。

把清洗好的猪肚放入足够没过猪肚的凉水中，烧沸后再次冲洗干净备用。

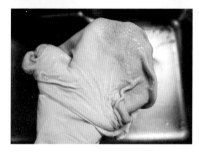

2. 炖煮猪肚

将清洗好的猪肚放入高压锅，加上老姜、八角、桂皮、香叶和花椒，以及没过猪肚的水，用高压锅压上 20~25 分钟，直到猪肚变得完全软烂。

Tips 美味升级

- 猪肚是一个对烹饪温度和烹饪时间都非常敏感的食材，它适合的烹饪方法主要有两种。一是大火快炒，炒出脆嫩的口感。这个做法的关键是火力一定要旺，入锅时间一定要短，当猪肚刚刚熟了的时候就立即出锅，保证口感的脆嫩，否则分分钟变成咬不动的"橡皮筋"。在用大火快炒的做法中，以选用"肚尖"部位为佳，质地更加厚实肥美。
- 烹饪猪肚的另外一种方法是另一个极端——让猪肚的口感变得软烂。对于厨房新手来说，这个做法显然更好掌握，用汤锅煮 1 个小时左右，或者用高压锅压 20 分钟就可以了。
- 在使用不同的烹饪方式做猪肚的时候一定要注意不同的切割方式，爆炒适合切得极细的肚丝，而炖、煮、卤猪肚则可以切得稍微粗一些。用高压锅压好的猪肚，取出切成大片或者切成肚条。在切猪肚的时候可以把刀口微微倾斜，让猪肚条侧面呈现一个更大的横截面。

3. 处理咸菜

趁着煮猪肚的时候，将潮汕咸菜放入清水中浸泡一会儿，并拧干，换新的清水再次浸泡，再拧干，直到彻底洗掉潮汕咸菜的苦涩味和多余的盐分。最后把潮汕咸菜切成和猪肚差不多形状的大片。

4. 煮汤

把白胡椒粒用菜刀压碎，和姜片、肚条、咸菜、炖煮猪肚的汤、鸡汤、清洗过的白果肉一起入锅，再煮上 20 分钟左右，加盐调味即可。

Tips 举一反三

• 同样的做法也适用猪肚搭配其他的食材，比如泡发后的干墨鱼，或者剁成小块的肋排。和胡椒白果猪肚汤微酸开胃的风味不同，墨鱼猪肚汤或排骨猪肚汤的口味更"厚实丰满"，还有白胡椒的微辛暖胃感。

了解食材：牛肉

　　在讨论牛肉这个食材的时候，首先需要明确的是牛肉的品种。国内使用的牛肉大部分是黄牛肉或水牛肉，其特点是肌肉纤维粗、伸缩性强，一旦烹饪不当，口感很容易变得坚韧难嚼。西方会采用的大部分牛肉品种是安格斯牛肉或夏洛莱牛肉等。因为西餐更注重牛肉的脂肪含量和肉质柔软度，加上西餐对于牛肉的切割和烹饪方式也完全不同，这些牛肉品种和中国由农耕工具发展而来的牛肉品种在口感方面有着显著的差异——比黄牛肉和水牛肉要嫩滑得多！虽然现在国内有些地区也有了黄牛和安格斯牛的杂交品种，但距离整体肉质的改善还有很长的路要走。

　　在常吃的黄牛肉或水牛肉中，平时在家庭烹饪中使用得最多的是如下几个部位的肉。

　　牛里脊（或叫牛柳、黄瓜条，每个地区的切割方式或叫法略有差异，但整体都是指牛里脊附近最嫩的一块肉）：多用来做小炒，也最适合用来做小炒。首先，在炒牛肉的时候最需要注意的一点就是切牛肉的方向，因为牛肉的肌肉纤维粗、伸缩性强，当切牛肉的时候要尽量把牛肉的纤维切断。记住这个原理，也就记住了"逆纹切牛肉"的刀法。其次，还要注意，如果新手对自己把握烹饪火候的能力不自信，那么尽量把牛肉切成丝而不要切成片。这听起来有些奇怪，多一个步骤对厨房新手来说不是更困难了吗？这是因为牛肉片的火候会比牛肉丝更难控制，切成丝更有利于切断牛肉的纤维。再次，炒牛肉还要注意火候，尽可能大火快炒，当牛肉刚熟的时候就立即出锅。

牛腩：根据位置的不同，牛腩还可以再细分，总体来说都是有肉有筋。牛腩适合红烧、焖煮、炖汤，处理的时候尽量先整块烹饪，再切成小块，这样肉质容易得到充分舒展，口感更好（在《日日之食》中，我曾经非常详细地写过"萝卜牛腩汤"和"番茄牛腩"的做法，其中就是利用了这个小窍门）。

牛尾：基本和牛腩一样的烹饪方式。因为牛尾的胶质更多，口感会更软糯。

牛腱（牛展是牛腱的一部分）：牛腱的烹饪方式更适合炖、卤、酱。有些人会把烹饪牛里脊的方式用在牛腱上，也就是炒牛腱，这当然可以，不过牛腱的口感无疑会比牛里脊偏老。牛腱上均匀的肉筋分布，决定了它更适合长时间烹饪，这样肉筋中的胶质完全化开，才能充分发挥这个食材的特色。

牛肚：牛有4个胃，皱胃在家庭烹饪中不多见，牛百叶（瓣胃）一般出现在涮肉、火锅中，也就是采取白灼后蘸酱的方式食用，不算家庭烹饪中常用的食材。常用到的金钱肚（网胃）、草肚（瘤胃）适合蒸、卤、红烧等烹饪方式，调味也适合偏重一些。

牛蹄筋：牛蹄筋中含有丰富的胶原蛋白，烹饪到位后口感软糯又黏嘴。因为牛蹄筋很难烹饪到完全熟软，所以建议使用高压锅进行预处理。而且牛蹄筋的腥臊味比较重，无论在使用香料时还是在调味方式上，都要偏重一些才压得住。

茭白炒牛肉

√少糖 √低脂 √优质蛋白 √低碳

原料

① 牛里脊肉 150 克左右；

② 茭白 3~4 根，大约 250 克，切成丝；

③ 中等大小的胡萝卜 1 根，切成丝；

④ 小葱 2 根，切成葱段；

⑤ 盐 1 茶匙；

⑥ 沙茶酱 1 瓷勺；

⑦ 老抽半瓷勺；

⑧ 油 3~5 瓷勺，部分会被沥掉（图中未列出）。

步骤

1. 切牛肉

选用比较嫩的牛里脊部位，先切成片，再切成丝。无论是切片还是切丝，都要注意切的方向与牛肉本身的纹路垂直。

还要注意剔掉牛肉上的筋膜，未经过长时间炖煮的肉类筋膜会很韧、嚼不动，对于纤维本来就比较粗的牛肉来说，这点更是雪上加霜。

将切好的牛肉用老抽腌制半小时以上，也可以放入冰箱冷藏过夜。

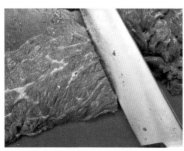

2. 炒牛肉

向炒锅中倒入 2~3 瓷勺的油（这个油最后会被沥掉），当手掌放在炒锅上方 10 厘米左右能感觉到热度，并且锅还没有冒烟时，即可把腌制好的牛肉丝放入锅里，用筷子划散，炒至半熟盛出，放在笊篱上沥干多余的油分和汤汁，备用。

Tips **美味升级**

- 炒牛肉要注意两点：时间要短、火别太大。
- 最好的办法是分两次炒。第一次把牛肉炒到刚刚变色就马上出锅，然后在配菜炒得差不多了之后，再一次把牛肉放进去，快速大火炒熟。其实对于猪肉也是一样，要想让肉的口感足够软嫩，就不能忽视这点。只是牛肉的处理需要更小心一些，一定要时刻观察牛肉的变色程度。如果火力太大或油温太高、肉丝又比较细的话，很容易炒干。
- 把炒到半熟的牛肉丝沥干这一点也很重要，很多人在炒菜的时候，喜欢把锅里的汤汁收干再出锅。市面上售卖的牛肉出水比较多，想收干水分而多炒的这半分钟，就很容易把牛肉炒老。在牛肉炒至半熟后尽量沥干，会让后续的烹饪步骤更好操作。

3. 炒配菜

洗净炒锅，重新放入 1~2 瓷勺的油，在中火烧热之后先倒入胡萝卜丝，用筷子拌炒半分钟后再倒入茭白丝。

等胡萝卜丝和茭白丝都被炒软之后，倒入沥干汤汁的牛肉，加入沙茶酱和盐，转大火，迅速炒匀。

撒上葱段出锅。

Tips 美味升级

- 当一道小炒里用到多种配菜的时候，尽量不要让它们同时入锅，应该按食材质地的软硬差别，先炒比较硬的、难熟的食材，再放入比较软的、易熟的食材，这样最后出锅时食材的熟度才比较均衡。

Tips 美味升级

- 炒牛肉容易在最后出锅的时候功亏一篑，我们需要想办法尽量缩短牛肉在锅里的时间，有以下三个小窍门。第一，一定要保证先把配菜炒到位了之后，再放入半熟的牛肉丝，这样可避免因为配菜没有熟透又过早地放入了牛肉，而不得已延长炒牛肉的时间。第二，如果在一道菜里用的调味料比较多，也可以把几种调味料提前拌匀到一个碗里，避免因为手忙脚乱而导致烹饪时间过长。第三，当观察到牛肉已经接近熟透的时候，甚至可以提前关火，利用锅里的余温让牛肉继续受热，这样出锅的牛肉熟度就刚刚好。

芥菜牛肉汤

√无糖　√低脂　√优质蛋白　√低碳

原料

① 牛里脊 450~500 克；

② 芥菜 2 棵，300~400 克，切片；

③ 老姜 2 片，切成姜丝；

④ 盐 1 茶匙；

⑤ 腌制牛肉的调料包括：苏打粉 1 克，玉米淀粉 4.5~5 克（牛肉重量的 1/100），生抽半瓷勺，花生油（如果没有，就用其他食用油）半瓷勺（图中未列出），清水适量（图中未列出）。

步骤

1. 切牛肉

将牛肉逆纹切成大约 2 毫米的厚片，不要切得太薄，否则口感易变老，肉汁也容易流失。

2. 腌牛肉

在 50 克清水中加入小苏打，在小苏打充分融化于水中后，再加入淀粉和生抽，得到一碗腌料。

Tips 美味升级

- 加小苏打的目的是让牛肉肉质松化，淀粉和小苏打一定要按比例来加，否则牛肉的味道会变得怪异。

- 把切好的牛肉片放入腌料中，充分抓匀，尤其要把碗底的淀粉浆抓匀到每一片牛肉上。腌料抓匀后加入食用油，再次抓匀。可以看到，碗底会出现一些无法吸收的水分。这无妨，放置 2 个小时以上，或者盖上保鲜膜放在冰箱里过夜。

- 2 个小时后，水分被牛肉吸收干净。牛肉颜色会变得有些浅，但也变得富含汁水了。

3. 煮汤

向锅里倒入半瓷勺油，烧热后炒香姜丝，倒入足量的清水煮开。水沸腾后再加入洗净切片的芥菜，煮到变色后加入盐。保持大火，倒入牛肉片，迅速拨散并马上关火，沸腾的汤水能让牛肉片彻底熟透。

Tips 美味升级

- 即使是腌制过的牛肉，仍然会因为加热时间过长而变得肉质老化难嚼。汤水的余温会让牛肉的受热时间延长，所以一定要在牛肉片倒入汤水之后就尽快关火。
- 肉嫩且多汁，汤清却温暖。喜欢这种汤水口味的人，还可以把牛肉换成猪腿肉，或加一枚咸鸭蛋提鲜，又是另一种风味。

柱侯酱土豆烧牛腩

√少糖　√优质蛋白　√粗粮

原料

① 牛腩 500 克，我喜欢选多筋的；

② 中等大小的土豆 1 个，紫洋葱 1 个；

③ 大蒜 1 头，用压蒜器压成蒜泥；

④ 老姜 1 块，八角 1 颗；

⑤ 李锦记柱侯酱 1 瓷勺，芝麻酱 1 茶匙，盐半茶匙；

⑥ 小葱 3~4 根，切成葱段；

⑦ 油 2 瓷勺。

Tips 美味升级

- 图中是我最喜欢的牛腩品相，像猪肉中的五花肉。就牛肉来说，筋肉分布均匀格外有意义。因为牛肉的肉质粗老，筋膜的缓冲作用在入口时会体现得更明显。要注意的是，牛肉的筋膜和脂肪是不同的，脂肪的颜色是更厚重的白，不要把多筋的牛腩错买成过肥的牛腩。

步骤

1. 预炖牛腩

将整块牛腩入锅焯水，凉水煮开后捞出洗净备用。再加上刚刚没过牛腩的水量，以及拍碎的老姜、八角，用高压锅煮 20 分钟。没有高压锅的话，就用普通汤锅炖 60~90 分钟。炖好的牛腩取出来，切成麻将大小的块，炖牛腩的汤留着备用。

Tips 美味升级

- 牛腩先炖后切，能让肉得到充分舒展，牛腩入口更松软。
- 炖好的牛腩如果有这三个问题可以"对症下药"：
  - 肉完全煮散了：高压锅压太久了，下次要缩短时间。
  - 整块肉太塞牙：大概率是牛肉部位选得不好，筋膜太少。即使延长炖煮时间，改善也比较有限。小概率是煮的时间不够，牛腩要足够软烂，基本上需要使用高压锅 20 分钟加汤锅 20 分钟，或汤锅一个半小时以上。
  - 不入味：牛腩在出锅前放盐，不如在牛腩从高压锅转入汤锅后就放盐，这样对于大块的肉会更好入味一些。

2. 炒香料

将紫洋葱剥皮切成大片，土豆削皮后切成滚刀块，一整头大蒜全部压成蒜泥。

向锅里倒入大约 2 瓷勺油，烧热后转小火，依次把洋葱片、蒜泥、柱侯酱和芝麻酱倒进去，炒香。

Tips 美味升级

- 柱侯酱是一款以大豆为基底的酱料，里面加入了大量的蒜、姜和芝麻酱，在广东地区很常见。柱侯酱可以直接用，炆肉的时候加一勺，味道一级棒。

- 我有点儿嫌市售的成品酱料不够香，就把柱侯酱的配料加以改良，效果不错。你要相信，很多时候菜不好吃并不是因为食材选用得不对，而是因为食材没发挥好。

- 柱侯酱的配料表里有蒜，但罐装酱料中的蒜味肯定不够，那我就再多用一些蒜；配料表里有芝麻酱，我也"暗搓搓"地再加 1 勺芝麻酱；配料表里有姜，我在炖牛腩的时候也放了姜……于是本来简单的炒柱侯酱的一步，被我加码成了炒洋葱片、蒜泥、柱侯酱和芝麻酱的一步。新鲜香料入锅的扑鼻香气，值得你费这个劲儿！

- 另外，在这个做法里，用蒜泥比用蒜瓣、蒜末好。虽然蒜瓣或蒜末同样有香气，而且炒的时候不容易煳锅，但有着多重调料和肉汁的蒜泥汤汁，才是搭配米饭的不二之选。一勺饭加一勺肉汁一口吃下去，这个时候要是吃到蒜末颗粒，那会让我有些扫兴。

- 加入土豆和炖好切块的牛腩，翻炒均匀。牛腩即使已经熟了，也需要稍微翻炒一下，沾染一些油脂香气。

3. 烧土豆牛腩

加入炖牛腩的原汤，没过所有食材，大火煮开。

转小火慢煮，并且尝尝味道，视情况加少量的盐调味。在调味的时候要考虑两点，一是柱侯酱本身有咸味，二是水分蒸发之后食物会变得咸一些。

15~20 分钟后，筷子一戳土豆就能戳透，牛腩、土豆和汤汁也融合得更好，那就可以出锅了。汤汁不需要完全收干，可以留着拌饭。

出锅撒上葱段就可以了。

Tips 美味升级

• 这个做法也可以将牛腩改为排骨、羊腩，可根据肉质适当调整烹饪时间。

卤牛腱

√优质蛋白　√低脂　√低碳

原料

① 牛腱 1 块，500~750 克；

② 大蒜 1 头；

③ 八角 1 颗；

④ 老姜 1 块；

⑤ 香叶 2 片；

⑥ 冰糖 10 颗左右；

⑦ 生抽 1 瓷勺，老抽 1~1.5 瓷勺；

⑧ 小葱十几根，取葱白，葱须洗净泥
　沙之后也可以保留；

⑨ 香菜 6~7 根，取香菜根；

⑩ 油 2 瓷勺（图中未列出）。

Tips 美味升级

• 很多人吃香菜会舍弃香菜
根，这其实是整根香菜里风
味最浓郁的部位，挥发出来
的醛类物质让人欲罢不能，
佐粥下酒都相当出彩。湘菜
里有一道经典的小凉菜，专
门凉拌香菜根：取香菜根部
大约 4 厘米的长度，洗净之
后刮净根须。用盐、老抽、
蚝油和蒜拌匀就行，喜欢辣
口的人也可以加一点儿剁辣
椒或辣椒油。

• 这样的香气，用在卤味里面
也非常出彩。我曾经在微信
公众号中发布过这道菜谱，
但当时用的主食材是猪蹄。
当写这本书的时候，我又用
牛腱试了一下配方，做了少
许调整。卤牛腱和卤猪蹄一
样，用的香料都非常基础且
量少。幸好有了葱白和香菜
根，才让成品的口感不那么
单调寡淡，说是香菜根成就
了这道卤牛腱也毫不为过。

步骤

1. 煎牛腱

将牛腱洗净擦干，向煎锅里放入大约 1 瓷勺油，开中火烧热之后把牛腱煎到有些焦黄，再翻面，煎到另外一面也变色。

Tips 举一反三

- 这个菜谱没有焯水的步骤，而是直接用油煎透牛肉。其实无论焯水还是油煎，对于肉荤类食材都有去腥的效果，我经常会根据食材本身的品质和烹饪方法的不同对食材进行不同的处理。当肉类的腥膻味不会太重的时候，直接煎制，既可以保留更完美的肉味，也可以产生更迷人的肉香。
- 如果用这个方法来卤猪蹄、鸡爪等，就可以考虑先焯水，焯水擦干后再煎。

2. 炒香料

将蒜瓣略拍开，并且保留蒜皮。

用一只铸铁锅或砂锅，放入大约 2 瓷勺油。中火烧热之后把姜片、八角、香叶、拍碎后还连着皮的蒜瓣、葱白和香菜根一起入锅，小火炒出香气。

香气会来得很快，稍微炒上半分钟，让它更浓郁一些。香菜根的妙处，在下锅那一刻就体现出来了。不同于使用一堆各色香料的沉闷感，香菜根的香气轻盈又不浮夸，非常巧妙。

Tips 美味升级

- 很多天然食材的"不可利用部分"都有让人意想不到的调味效果，比如香菜根、带葱须的葱白、大蒜的蒜皮，在这道菜里起到的作用非常明显。这类食材都自带香气，当作为香料使用而不是直接食用的时候，不妨保留它们。

3. 炒糖色

把锅里的香料拨到一边，视情况再向锅的空地儿加 1 瓷勺油，把冰糖放进去翻炒。

此时一直保持小火，用锅铲背压一压冰糖，让它加热之后快速碎掉。

小火烧到糖浆冒大泡，就完成了非常简单的炒糖色。

在炒糖色的时候要有耐心，等待冰糖慢慢融化冒泡。

4. 卤牛肉

把煎好的牛肉放入锅中,加入没过牛肉的清水。大火煮沸后,转小火煮 50 分钟。

加入老抽和生抽,再煮 10~15 分钟。牛腱不同于牛腩,无须煮得过于软烂,稍微保留一点儿韧度反而好。

Tips 举一反三

- 由于牛肉这个食材的特殊性,在长时间炖煮的时候都尽量稍晚一点儿加入有盐分的调料,以免牛肉炖煮不烂。如果用这个做法来卤猪蹄、鸡爪等食材,老抽和生抽就可以在最开始和清水一起放入。

- 卤不同的食材需要的时间不同，比如卤牛腱我会先小火煮 50 分钟加老抽和生抽再煮 10 分钟，卤猪蹄会煮 1 个小时，卤鸡爪则只需要 20 分钟左右。
- 将煮好的牛腱浸泡在汤汁中，放入冰箱里冷藏过夜。这是因为牛腱肉块大、纤维粗，不那么好入味，浸泡过夜之后，肉质深处也能比较入味。如果是卤猪蹄、鸡爪等，只要在卤之前把食材处理成合适的大小，就不需要增加浸泡的步骤了。
- 浸泡好的牛腱，连汤再次加热后就可以切片上桌了。
- 当然，可以换一个偷懒的办法。在牛腱煮好之后直接切片再回锅，也能入味。

Tips **举一反三**

- 这是一个非常偷懒的卤水做法，香料少、没法养成老卤汤，全靠香菜根和葱白发挥作用。
- 事实上，在家庭烹饪里可以反复使用的老卤汤，无论是制作还是保存都不太容易，最好用高汤打底；每次使用前最好用大量的五花肉、猪皮或鸡爪之类油脂丰富的食材来养卤汤（目的是让食材卤好之后更肥美，色泽更好看）；还要避免卤制一些容易让卤水发酸的食材；用完之后还需要非常精细地撇去油脂，马上放凉保存。
- 因为不常做卤味，也不太喜欢用油脂多的食材来养老卤汤，所以我更偏爱这种简单的一次性卤水。
- 有时候甚至干脆把卤水烧干，让冰糖产生的糖色能附着在食材的表面，让食材看起来富有光泽。方法也很简单，只要在卤制的最后阶段转大火，收干汤汁就可以出锅了。从收汤汁开始，我建议不要离开灶头。尤其当观察到锅里的汤汁越来越少的时候，只剩锅底浅浅一层冒出大泡，这个时候最容易煳锅。不要走神儿，汤汁收到喜欢的程度马上关火。

了解食材：香料

实在很难给"香料"二字下定义，无论是天然的还是人工的、是植物的还是动物的，可以理解为只要具有挥发性芳香的东西，就可以称为"香料"。

常被用在食物中的香料，确切地说应该是"香辛料"。这些香辛料有些是植物根茎，有些是种子、树皮、果实……一般是干制品。它们大多味道馨香，在煮、炒、浸泡、研磨之后都有非常明显的气味，对一道菜的"色、香、味"三个方面都做出不可磨灭的贡献。

在漫长的传承后，什么香料有什么特性、适合搭配什么食物，已经有了一些约定俗成的用法。就我自己的烹饪习惯来说，厨房里常备的香料有以下这些。

八角、桂皮、香叶

将这三种香料放在一起说，是因为我觉得它们都属于香料中的"基本款"。八角和桂皮的香味都非常浓郁，能让烹饪好的食物香气四溢。香叶（月桂叶）的香味和桂皮的香味类似，但又比桂皮来得轻盈。这三种香料在大部分需要香料的菜式里都可以放，并且可以一起使用。

做一道菜，八角、桂皮、香叶的用量一般都不会太大，八角 1 颗左右、桂皮大拇指大小的一半左右、香叶两三片就够了。八角和桂皮如果用量过大，会让菜肴味道发苦。

肉桂

肉桂色浅枝细，表面相较桂皮来得平滑；桂皮色深又粗糙，表面坑坑洼洼。肉桂经常搭配西式甜品，煮热红酒或者用肉桂粉配南瓜、苹果；桂皮一般和中餐咸口味的红烧、炖煮肉类一起出现。两者香气有区别，不是一回事。

使用肉桂的时候，一般以一节食指长短为量，或者直接研磨成粉。

黑胡椒、白胡椒

我经常被问到的一个问题是：这道菜里的黑胡椒能不能用白胡椒代替，或者白胡椒能不能用黑胡椒代替？

除了传统的搭配习惯之外——白胡椒偏中式、黑胡椒偏西式，它们的作用也不一样。白胡椒可去腥、增香和给菜肴增加辛辣的风味。辛辣这一点很特别，不同于辣椒是辣在嘴里，白胡椒是辣到胃里，所以会有白胡椒"暖胃"的说法。黑胡椒和白胡椒的不同之处在于，它的主要作用是增香。如果研磨的黑胡椒颗粒特别大，也会有一点儿辣味，但是和白胡椒的辛辣是不能比的。

在选购黑胡椒和白胡椒的时候，都以大粒、饱满、气味强烈的为佳。国内海南产的白胡椒很有名，感兴趣的不妨买来试试，碾碎之后闻一闻，感受一下和超市里的普通白胡椒区别大不大。

少部分菜肴会使用整粒胡椒，比如"胡椒鸡"，这是为了在长时间炖煮后仍然可以保留胡椒的香气。大部分菜肴用的是胡椒粉，我建议在家中备上 1~2 只研磨器，专门用来研磨胡椒粉，香气比市售的黑、白胡椒粉要突出很多。

花椒

花椒有青、红花椒两种，两种花椒都有麻味，青花椒还有一股特别的藤香味。不排斥花椒的人，我建议两种都常备，可以搭配使用，"椒盐烤排骨"中的椒盐就是这样制作的。

在炖肉汤的时候用八角、桂皮很常见，但是很多人不会想到加花椒——总觉得花椒会带来麻味，跟肉汤搭配在一起会太奇怪。其实花椒和八角在炖汤的时候是可以一起出现的，花椒去腥增香的效果很好，炖好的汤香气会更醇厚，不显单薄。与八角搭配在一起，还可以刺激放大八角的香气。至于麻味也完全不用担心，仔细回想看看，麻味重的花椒菜式，是不是都是油比较大的？用油爆过的花椒麻味更突出，而水煮过的花椒麻味可以忽略不计。

当做重口味菜肴的时候，让花椒和辣椒同步出现，并过油。麻辣小龙虾、麻婆豆腐、水煮鱼的味道，足以证明麻和辣是天生一对。做法很简单，如果是红烧类的菜式，在第一步就用比较多的油炒香花椒和辣椒，不够香就不要进入下一步。花椒中的挥发油是油溶性的，所以在炖汤的时候不觉得麻，可先在热油中炒一炒，麻香就扑鼻而来。

当使用花椒的时候还要注意，干花椒容易炒煳，炒煳就不香了，反而会变得焦苦。除了热锅冷油小火慢慢炒，还可以提前把花椒用水冲洗，洗掉表面的灰尘再用厨房纸巾擦干，就不容易炒煳。在防止炒煳这一点上，干辣椒的使用方法也是类似的。

（鲜、干）辣椒

辣确实是一种非常直白的味觉体验（更准确地说，是一种直白的痛觉体验），尤其对于不嗜辣的人，辣椒刚进入口腔就会引起明显的不适。正是这种不适感，让很多人对辣椒这味调料敬而远之。

作为一个从小吃辣椒长大的湖南人，我觉得辣椒的风味可以分为生辣、鲜辣、干辣这三种。将新鲜小米椒剁碎了之后几乎不经任何处理直接撒在菜肴上，或者做成辣味的蘸水，这就是彻彻底底的"生辣"。生辣的辣味来得非常猛烈，很刺激口腔和胃壁黏膜，而且容易遮盖食物的其他风味。新鲜辣椒经过加热后的辣味是"鲜辣"，干制辣椒经过加热后的辣味是"干辣"，鲜辣和干辣的味道，只要选择的辣椒品种得当、辣味不会特别重，呈现在菜肴里就合理多了。既能引起食欲，也让食物有好看的颜色。尤其是干制辣椒在加热后会产生的焦香风味，非常迷人。

当选择辣椒的时候，最重要的标准就是品种。不同品种的鲜、干辣椒，辣度和香气可以说是天差地别。"小米椒""朝天椒"非常辣，"二荆条"香气浓、味道香醇回甜，完全凭个人偏好来选择就好。本书中的菜谱如果用到了辣椒，我也会根据菜谱的风格给出辣椒品种的建议。

至于辣椒如何使用，其实有些学问。辣椒有脂溶性的特点，用油炒、炸辣椒会比用水煮辣椒更香，辣椒素的红色也更容易附着在油里或者其他食材上，辣椒油炸制后浸泡一夜会更红，就是这个道理。即使做卤水需要一些辣味，也建议先用油炒香干辣椒之后再煮，这样不会损失干辣椒的香气。

至于鲜辣椒制品，比如辣椒酱或剁辣椒等，如果直接食用的话，香气肯定是缺失的，再次油炒可以还原一部分辣椒香气。鲜辣椒制品更重要的判断标准是辣度和口感，辣椒品种和腌制方法会让鲜辣椒制品的辣度和口感有很大的区别。比如有些辣椒在腌制后会有皮肉分离的现象，或者本身辣椒籽过多，这些都不能算作很好的品种。

丁香

丁香这味香料，目前的处境有些尴尬。它虽然不被家庭使用者熟悉，但在餐厅或饭馆里的应用较广。在卤味中，丁香是一个让人惊喜的存在。它的香气优雅绵长，并且和诸如八角、桂皮类香料的香气不同，丁香的香气非常优雅，闻起来甚至有一点点像柑橘类水果。非常建议在制作卤水或烧肉的时候放上4~5颗丁香，这会使味道不同于以往。

其他

香料林林总总，穷举当然是不现实的。总体说来，大致可以留意这些用法：

1. 注意香料的亲油性或亲水性，让香料发挥更大的效用。譬如自己在家做烤肉，可能会用到孜然。可以试试在肉上先抹孜然和辣椒，然后刷一点儿油，但不要让肉的表面过于湿润，务必把肉的表面擦干一点儿。这是因为孜然、辣椒亲油不亲水，质感要干香的才对，碰到水汽会让香味无力，不够劲儿。

2. 绝大部分香料，尤其是味道比较浓重的香料，基本上都不适宜一次使用过多。像花椒、胡椒这种比较"轻"的、比较有风味特点的香料，可以作为一道菜肴的主味之外，其他的香料大部分都是复合使用的，重要的是彼此融合之后的综合风味。

3. 草果很适合用于炖煮羊肉，它的香味虽然不如八角和桂皮浓烈，但是对付羊肉的腥膻味，是刚好合适的。

4. 紫苏有一种幽然的清新香气，特别适合用来对付河鲜类的腥臊味，并且可以提鲜。

5. 南姜（良姜）在潮汕卤水中应用非常广泛，同样用作去腥，甚至可以说替代了一部分老姜的作用。

6. 陈皮有柑橘类的香气，以三年以上的制品为佳。时间越长的陈皮，香气越浓郁，不容易发涩，像薄荷一样的凉气也会慢慢变少。陈皮可以去除异味、增加香气、增添少许甜度。

葱（小葱）、姜、蒜

葱、姜、蒜在中国菜中的应用实在是广泛又灵活，无法一一列举。如果要总结一下共通的使用准则，可以留意以下几点：

1. 葱、姜、蒜不要提前切割或处理，尤其不要为了节省时间一次切一堆放到冰箱冷藏备用。预处理后的香气会大大流失，也容易腐坏。

2. 葱、姜、蒜的切法大多可以分为：大个的（姜块、蒜瓣），中等的（姜片、蒜片、葱段），细小的（姜丝、姜末、姜泥、蒜末、蒜蓉、葱花）。基本上根据主食材的分量来权衡使用，并且注意葱、姜、蒜的个头越小就越不耐热，越容易煳。

3. 姜和蒜是可以提前赋予食物味道的，腌制一段时间可以让食物有姜、蒜的味道。葱的质地易腐，除了炸葱油这种操作，大部分时候是在菜肴出锅的时候才用的。

4. 小葱的不同部位也有风味上的区别，葱白更香，味道偏甜，而葱绿的部分辣多过甜。葱白也比葱绿的部位要耐得住高温，在煸炒的时候相对容易出香气。

5. 姜从嫩到老，纤维会越来越粗，辣度也越来越高。嫩仔姜适合腌制或直接切片作为配菜炒着吃，老姜作为香料使用会更多。

6. 蒜头无论怎么切，特点可以概括为熟蒜香、生蒜辣，看你想要什么风味和口感。大蒜叶子（也有叫"青蒜"或"蒜苗"的，当然，也有些地区的"蒜苗"实为"蒜薹"，所以我用大蒜叶子这个称呼，可能不容易引发误解）的使用方法则类似小葱。

微辣胡萝卜羊肉汤

√优质蛋白　√低碳

原料

① 羊肉约 500 克，最好选
多筋的去骨羊腿肉（类似
牛腱的质感）或偏瘦的羊
腩；

② 甜味原料：

　　1）胡萝卜 2 根，

　　2）红枣 5 颗，

③ 去腥用的香料：

　　1）大葱 1 根，

　　2）老姜 1 块，

　　3）香叶 2 片，

　　4）八角 1 颗，

　　5）桂皮 1 块，

　　6）草果 1 颗；

④ 辣味原料：

　　1）大蒜 1 头，

　　2）干辣椒 7~8 根，

　　3）白胡椒粒 10 粒左右；

⑤ 盐 1 茶匙；

⑥ 生抽 1 瓷勺；

⑦ 油 1 瓷勺。

Tips　美味升级

- 有腥膻味的肉类适合搭配自带甜味
的食材，利用食材中糖分的渗透压
"挤出"腥膻味，菜肴的味道更香
甜不腥气。搭配容易有腥膻气的羊
肉，我选的甜味食材是胡萝卜和红
枣。选取大约手指长度的两根胡萝
卜，红枣只需 5 颗，太多了过甜，5
颗刚好。

- 去腥的香料用得比较常规，唯独建
议要有草果，因为和羊肉的风味比
较搭。蒜头、干辣椒、白胡椒各有
各的辣，在这道汤里都放可以起到
不同的效果。平时不太能吃辣的可
以减少干辣椒的分量，但蒜头和白
胡椒不建议减量，后两者的辣是暖
胃不辣嘴的。

步骤

1. 处理羊肉

向平底锅里倒入 1 瓷勺油，中火烧热，羊肉冲洗、擦干后直接入锅。
把羊肉带皮或比较肥的一面朝下，中小火煎到完全上色，再煎另一面。
如果选的部位比较肥，在这一步尽量小火慢煎，煎出多余的油脂，否
则有可能煎完羊肉后油不减反增。

Tips 美味升级

- 羊肉是整块煎的，这是为了让羊肉纤维尽可能地舒展，比先切再煎的
  口感要好得多。炖汤、红烧用的大块牛肉和羊肉都可以这样处理，效
  果极佳。
- 过油和过水都是给肉去腥的手段，操作其实很灵活。比如宁夏滩羊，
  腥膻味轻，我会直接把它放进煎锅。碰上味道重的羊肉，就先焯水擦
  干再进煎锅。

2. 处理配料

将胡萝卜滚刀切成个头均匀的块，老姜拍碎，白胡椒粒压碎。大蒜剥掉最外层的皮，但留下最内层的蒜皮，因为留着皮的蒜瓣久煮不易散。

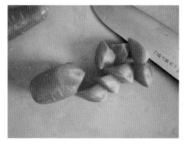 

3. 煮汤

将煎好的整块羊肉，加上胡萝卜和除了盐之外的所有调料都放入高压锅，注入食材体积 1 倍至 1.5 倍的水。高压锅烧沸（上汽）之后转小火，煮 20 分钟。

如果没有高压锅，那么就用汤锅煮 1 个小时左右，尝一下，肉质的软烂程度如你所愿即可。至于水量的多少，完全看你对

汤水的喜好，爱喝汤就多放一些，不爱喝汤就少放一些，不超过高压锅的警戒水位即可。另外，我喜欢把香料都敞开扔锅里，不绑袋子，让味道尽可能散发出来而不束缚它们。

将煮好之后的羊肉，切成大小适口的块状。如果肉太散了，说明高压锅压得太久，下次可以缩短时间。如果切开的每块肉都太瘦了，那说明肉的部位不好。肉筋和肥肉总得有一点儿，煮久之后化开了不腻，重要的是给瘦肉纤维提供一点儿缓冲，吃着不塞牙。这个原理，和我们在前面"了解食材：牛肉"中提到的是类似的。

4. 继续煮汤

将羊肉切块之后连汤带料一起转入汤锅中，加盐，煮沸之后再转小火煮 10 分钟。如果喜欢的话，也可以在这里加 10 颗枸杞。高压锅负责让食材快速变得柔软，汤锅负责让食材的味道融入汤里，食材的口感也够了，汤也有了味。

过 10 分钟后尝尝调味如何，如果没有问题，就可以出锅。辣味牵头，但又不烧胃，会从头暖到小脚指头，不至于呛到喉咙。干辣椒入汤在很多地方都常见，有汤水缓冲，辣味瞬间就"绕指柔"了，是一种舒服的辣。完全吃不了辣的人，省掉辣椒也没问题，白胡椒和蒜头仍然可以起到温暖的作用。

还可以顺手调一个蘸料：李锦记柱侯酱 1 瓷勺、葱花 1 把、香菜末 1 把、辣椒油 1 茶匙。把一大勺煮好的羊肉汤直接淋入碗里，就成了咸鲜风格的蘸料，配羊肉很不错。

Tips 举一反三

- 这道汤水的搭配并不是羊肉专属的，把羊肉换成排骨、牛腩都是成立的。汤里使用的香料和甜味食材，可以替换成甘蔗或白萝卜，后者以冬季打过霜的为佳。

- 至于羊肉的蘸料，在把这道汤发布到微博之后，有一位四川籍的读者提供了当地羊肉蘸水的思路：用豆腐乳（白豆腐乳为佳）、香菜、小葱、小米椒、炒香的花生碎和芝麻、剁碎并炒香的郫县豆瓣酱，淋入一勺羊肉汤，辣度和香气会更浓郁。

了解食材：鸡肉

鸡胸肉一直是健身减肥的肉食首选，但鸡胸肉也真是很难做得好吃。吃上两顿味道寡淡又干柴的鸡胸肉，感觉自己会报复性地吃20顿火锅。

鸡胸肉处于鸡较少运动的部位，质地虽然很柔软，但缺少脂肪和胶原蛋白，所以在烹熟之后就偏硬、偏干（脂肪熟了之后会有柔软湿润的口感，结缔组织在熟了之后会软化成类似明胶的口感）。对于鸡胸肉，最好的办法是不要用太高的温度，并尽可能缩短烹饪时间，以保持它的柔软口感和仅有的汁水。

平时烹饪想使用鸡肉的时候，我会更倾向于选择鸡腿肉而不是鸡胸肉。鸡腿部位的运动量大、比鸡胸富含更多的胶原蛋白，体现在口感和风味上的结果就是：鸡腿比鸡胸的肉质更细嫩，风味也更足。所以，虽然鸡腿肉的热量比鸡胸肉略高一些，但是作为非专业健身人士，我还是倾向于在口感和健康中取得一个平衡，用鸡腿肉来做菜。比如在"葱油鸡"中，用的部位就是鸡腿，肉质细嫩有弹性，也不容易被烹饪得太老，怎么做都好吃。

事实上，拿整只鸡来烹饪也不错，一样是很健康的食材，但前提是要去掉肥厚的鸡皮和黄色的鸡油。可以根据自己的需求来选择不同品种的鸡，肉鸡饲养时间短、价格便宜，烹饪时容易肉质软烂，但鸡肉的风味和油脂都比较少。所谓的走地鸡、柴鸡、老母鸡，饲养时间会长，肉质会相对老、韧，但风味更足。如果是简单的小炒、蒸制，使用普通的肉鸡能大大地缩短烹饪时间。如果是焖煮或煲汤，用肉鸡需要烹饪的时间短、风味偏淡，用走地鸡、柴鸡需要烹饪的时间更长、风味会更浓厚。

至于鸡爪、鸡翅尖等部位，虽然口感和风味都不错，做法也多种多样，但由于鸡皮的比例太大，我会尽量减少食用频次。

本章中出现的鸭肉，虽然和鸡肉同属禽肉，但大部分鸭子品种的皮下脂肪更厚，肉质也比鸡肉要粗硬。建议在处理的时候尽可能去皮，烹饪的时候延长时间或适当使用高压锅。

Salsa 酱拌鸡胸肉

√无油　√少糖　√低脂　√优质蛋白　√低碳

原料

① 鸡胸肉 1 块，大约 150 克，最好用普通的鸡大胸，因为鸡小胸多筋，
切大片容易碎，反而不适合；

② 番茄 1 个；

③ 香菜 1 小把；

④ 紫洋葱 1/8 个，如果不喜欢紫洋葱的生辣气，可以换成白洋葱；

⑤ 蒜瓣 1 瓣；

⑥ 生抽、鱼露、香醋各 3/4 瓷勺左右，可以根据自己的口味来调整。

步骤

1. 处理鸡胸肉

把鸡胸肉洗净之后去掉多余的油脂和血块，然后横剖成片。在鸡胸肉边缘和中间的位置，会有一些小的油脂和血块，也要切掉。然后左手压在鸡胸肉上，右手拿着刀子，横着把鸡胸肉剖成大约0.5厘米厚度的大片。

剖好的鸡胸肉不会太厚，基本上能呈大片。

Tips 美味升级

- 鸡胸肉不要切太厚这点很重要，这直接关系到鸡胸肉烹饪的时间。那能不能偷懒把鸡胸肉切成条呢？或许你觉得这样比较好切，不过最好还是不要，我自己试过几次，剖成大片的鸡胸肉纤维相对舒展，入锅之后收缩得没那么厉害，也就没那么容易煮老。要知道，一旦鸡胸肉被煮老，神仙也救不了。

- 在本书后面的菜谱"韩式泡菜鸡肉锅"里写到的鸡胸肉，也是用这个办法处理的。将剖好的鸡胸肉在煮沸的泡菜汤锅里涮着吃，肉质不容易老。

2. 处理其他食材

把洋葱、番茄、蒜瓣、香菜，全都切成碎末。洋葱、蒜瓣、香菜都很好切成末，要怎么把番茄切成碎末呢？先去皮，再去瓤儿，然后就好切了。

Tips 省力

- 给番茄去皮，我一般用波浪形锯齿的、专门对付软质食材的削皮刀。很多品牌都有这种削皮刀，维氏、力康、WMF、Joseph Joseph。没有削皮刀怎么办？在番茄的底部用刀划上十字，在沸水里焯烫 10 秒钟左右，就能轻易撕掉番茄皮。

Tips 美味升级

- 反正番茄皮也能吃，不去皮行不行？我建议最好还是去皮，不去皮我也试过了，还是去皮后的酱料口感更讨人喜欢。
- 去皮后的番茄先切半，然后切成三等分，这个比例比较好露出番茄的瓤儿。用菜刀横着削一下，把番茄瓤儿去掉。番茄瓤儿出水太多而且有籽，留在酱料里会影响口感。

3. 煮鸡胸肉

好不容易把鸡胸肉剖成大片了，在煮肉的这一步可不要掉链子，不然还是会柴。煮鸡胸肉这事儿不难，就两点：接近沸腾的水温入锅，掐表用小火煮两分钟。

接近沸腾的水温，指的是汤锅锅底冒出了小泡泡，但还没有沸腾。

鸡胸肉入锅后，改小火，掐表煮两分钟，刚刚好。

Tips 美味升级

- 为什么不选冷水入锅也不选沸水入锅，要在将沸未沸的时候入锅？因为鸡肉容易熟，尤其是这样切片的鸡胸肉，如果冷水入锅，最后一定会煮太久，如果沸水入锅的话，鸡肉表面一下子收缩，会更易老，所以这样处理最好。如果家里有一些恒温烹饪的设备，倒是可以试试用更低一点的温度恒温来煮，肉质会更嫩。

判断鸡肉是否熟透的标准是，用筷子夹起一块鸡胸肉轻轻弯折，当鸡肉纤维都彻底变成白色的时候就可以了。0.5厘米左右厚度的鸡胸肉，煮两分钟刚好。

不长时间烹煮，是防止鸡胸肉太柴的最简单可行的好办法。有可能你切的鸡胸肉比较厚，那就再多煮一会儿，时不时地用筷子折一下鸡胸肉看看，颜色白了就马上捞起来。

捞起来，沥干，切成条状，注意观察图片中下刀的方向，这样切鸡胸肉不容易散。

4. 拌鸡胸肉

把鸡胸肉条，和番茄末、洋葱末、蒜末、生抽、鱼露、香醋一起拌匀。在上桌前再拌入香菜末，香菜不要太早放，避免香菜和调料接触时间太长而产生"腐"味。

- 这种无油低脂、风味独特、足够入味的做法，当然不是只能用在鸡胸肉上，还可以把这道菜的主食材换成鸡腿肉、煮熟的白身鱼等。

- 选用 1 只鸡大腿（有些地方叫手枪腿），用比较锋利的尖刀或厨房剪刀顺着骨头的方向深入地剪开鸡肉；再顺着骨头剪下另一侧的鸡肉，得到一片完整的鸡腿肉；撕掉鸡皮；剪掉鸡肉上的黄色肥油。

- 其他的步骤就和煮鸡胸肉、拌鸡胸肉完全一样了，最后做出来的 Salsa 酱拌鸡腿肉非常好吃。因为鸡腿肉的肉质更柔软、更有弹性，当然会比 Salsa 酱拌鸡胸肉更讨人喜欢。其实我觉得，健身、瘦身也不是非鸡胸肉不可，除去有健美需求的运动员不说，大部分人日常能保持这样美味、低脂、低糖的饮食习惯，就一定能越吃越瘦。

咖喱辣椒鸡胸肉沙拉

√无糖　√低脂　√优质蛋白　√低碳

原料

① 鸡胸肉 1 块，大约 250 克，鸡大胸或鸡小胸都可；

② 盐半茶匙，盐的分量根据用鸡胸肉做什么来调整，如果是拌沙拉，半茶匙就够了，如果是作为夹三明治的馅儿或者作为米粉、面条的菜码儿，稍微咸一点儿也没关系；

③ 咖喱粉和辣椒粉各 0.5~1 茶匙，辣椒粉最好用完全碾成粉末状的，而不要用片状的辣椒面，口感会不好；

④ 油少量，基本会擦拭掉（图中未列出）。

步骤

1. 切鸡胸肉

这一步和"Salsa 酱拌鸡胸肉"里的处理步骤完全相同，把鸡胸肉切成大约 0.5 厘米厚的大片。

2. 腌制鸡胸肉

把盐、咖喱粉、辣椒粉一起加入切片的鸡胸肉里，用手抓匀。最好用手，比筷子拌匀要更入味，怕脏的话可以戴一次性塑料手套。

Tips 省时

- 说是腌制，但时间并不长，因为鸡胸肉不厚，很好入味，我试过好几次，抓匀之后就下锅也没有问题。如果想提前做准备的话，也可以提前腌上，用保鲜膜盖好放到冰箱里随时取用，腌上的鸡胸肉可以保存一两天。

3. 煎鸡胸肉

向不粘锅里放少许油，中火烧热，直到手掌放到锅上方 10 厘米的地方感到明显的热气。用厨房纸巾把多余的油分擦掉，让锅底看起来只有少量油珠。

转成小火，把腌制好的鸡胸肉片铺到锅底，尽量让鸡胸肉平展，不要折叠。因为折叠的鸡胸肉容易受热不均匀，折在里面的部分会煎不到。

煎到鸡胸肉一面发白，就可以翻过来煎另一面。

整个过程一直用小火慢煎。

需要煎多久？如果你切的鸡胸肉厚度合适，两面加起来煎 3 分钟就可以了。翻面，翻面，翻面，反复翻三四次，最后用筷子轻轻弯折鸡胸肉，可以看到肉质都变成白色，证明刚好煎熟。

判断鸡胸肉是否熟透的做法，也和"Salsa 酱拌鸡胸肉"里的办法相同。把熟度已经到位的鸡胸肉夹出来放到盘子里，不要让它继续受热。

如果鸡胸肉切得比较厚，需要把煎肉的时间适当延长，以鸡胸肉弯折后的颜色是否变白作为判断它是否熟透的标准。

煎好一盘鸡胸肉后，就可以拿来拌沙拉了。

我用到的食材包括生菜、苦菊、芝麻菜、小番茄和西蓝花，当然可以随便换成你喜欢的食材。除了西蓝花事先焯水之外，其他蔬菜彻底洗净之后沥干即可。沥干很重要，多余的水分会冲淡酱汁，一口吃下去水汪汪的，绝对不会好吃。拌沙拉的酱汁推荐使用油醋汁等相对低卡的酱汁。

- 煎好的咖喱辣椒鸡胸肉相当百搭，除了拌沙拉之外，还可以作为三明治的馅料，搭配全麦吐司、番茄、生菜，简单又快速。

- 在制作三明治的时候，生菜的梗要多掐几下，这样可以尽量压平。使用这些原材料的三明治没有奶酪、酱料之类的"黏合剂"，所以三明治可能有些不稳当，有两个解决办法：一个是可以用保鲜膜紧紧包住三明治，然后用一个重物（类似铸铁锅盖）压一下，让食材自然黏合到一起；另一个是在做好三明治之后，插一根牙签或者好看的小签子，让三明治更稳固。

- 我有时候会把煎好的鸡胸肉放到冰箱冷藏保存，早上搭配米粉或面条吃。在加热清鸡汤（做法可以参考"皮蛋蘑菇鲜虾汤"）的时候，在汤里加一勺咖喱粉，让汤底和菜码儿的味道衔接起来。

- 做早餐时，同时启动两个灶头，一个灶头加热汤底，另一个灶头烧水准备煮米粉或面条。同时准备一只碗，在碗底加 1.5 茶匙的盐，再切上一点儿葱花备用。

- 将汤底热好后倒入碗里，虽然调味料只有盐和咖喱粉，但有了肉骨汤底就不会过于寡淡。在米粉或面条煮好之后，沥干水倒进碗里，码上鸡胸肉，撒上葱花，就是一碗清清爽爽的中式早餐。

韩式泡菜鸡肉锅

√无油　　√无糖　　√低脂　　√优质蛋白　　√粗粮

原料

① 1 包大约重 500 克的任意品牌韩式泡菜；

② 1 锅大约 800 毫升的清鸡汤，具体做法可以参考"皮蛋蘑菇鲜虾汤"
　 中的鸡汤；

③ 1 块大约 400 克的红薯，滚刀切成块；

④ 大约 150 克茼蒿，也可以换成蒿子秆、大白菜、娃娃菜；

⑤ 1 包金针菇，根部切掉一段之后抖散，洗干净，沥干水；

⑥ 1 块豆腐，大约 400 克，切成厚片，可以用北豆腐或冻豆腐；

⑦ 大约 200 克鸡胸肉，切成薄片，可以参考"Salsa 酱拌鸡胸肉"中
　 的方法；

⑧ 1 把黄豆芽，大约 100 克；

⑨ 用于点缀的韭菜段少许（图中未列出）。

步骤

1. 制作基本的泡菜锅锅底

将红薯、鸡汤、韩式泡菜一起放
入一个足够大的汤锅里，煮沸后
转小火，煮 15 分钟，作为汤底。
在煮汤底的时候要注意，锅要足
够大，汤底才能翻滚起来。只煮
15 分钟可能不够把红薯煮到完
全软烂，不过没关系，在涮火锅
的时候红薯还可以继续加热。红

薯或者土豆本来就是经典的火锅配菜，在韩式泡菜锅里用到红薯，除
了好吃，还因为它是高纤维食物，是有清肠作用的主食。

汤底的要求是用鸡汤，无论炖土鸡的时候匀出一碗汤，或者是用鸡骨
头熬一个最简单的鸡汤都可以，但必须要有。如果只用泡菜和清水煮，
汤底实在是太寡淡，就不会好吃。

有了泡菜，汤底的咸度基本上就够了，你也可以尝尝汤底，看看是否
需要加盐，以喝一口汤底咸度适度为准。

Tips 美味升级

* 如果口味偏辣，觉得只用韩式
  泡菜的辣度不够，那么也可以
  在汤底加入两大勺韩式辣酱同
  煮，但是像韩式辣酱、日本味
  噌这样不太容易溶解的酱料，
  直接舀到汤里会沉底，煮不匀。
  要放在一个小筛网里，浸泡到
  汤里慢慢煮散，如图所示。

2. 涮锅

适合减肥清肠的火锅，应该涮些什么？

我会把豆芽、豆腐、韭菜都早早地放到锅里，尤其是豆腐，需要让它多煮入味。

切成 2~3 毫米的厚度的鸡胸肉片，在汤底沸腾的时候入锅，煮 2~3 分钟捞起来，肉质非常嫩！

高纤维蔬菜的代表之一——韭菜，既可以作为点缀，也可以直接涮着吃，鲜甜美味。

锅底的红薯煮到软糯的状态，就是最合适的主食。

对我而言，吃这个火锅，基本上就不需要其他蘸料了，泡菜和鸡汤的辣味可以渗透到食材里面，煮出来是有味的。如果你的口味比较重，那么建议调一个无油低卡路里的蘸料：把 2 瓣大蒜压成蒜泥，加上 1 瓷勺生抽、几根韭菜段，最后舀 1 勺汤底和匀。

像豆腐、豆芽这样的低卡路里食材，热量可以忽略不计。这个火锅有合理的碳水化合物（红薯）和难得美味的鸡胸肉，是既健康又美味的一大锅！

胡椒鸡

√优质蛋白　　√低碳　　√低糖

胡椒鸡是典型的红烧类的菜式，红烧类的菜式很容易和高油、高糖、高脂联系起来。我当然不是说红烧五花肉可以长期吃，这确实不利于身体健康，但对于鸡肉、牛肉、鱼肉这样的食材，做红烧也没什么不可以，红烧菜不一定要油大料重才够味。

"胡椒鸡"菜谱在微信公众号发布之后，在很长一段时间内都是最受欢迎的鸡肉菜谱之一。原料简单、取材容易、风味又很令人惊喜，是可以在餐桌上频繁出现的菜式。

原料

① 整鸡 1 只，1 干克左右，剁成小块之后用厨房纸巾尽量擦干，用土鸡和
  肉鸡都行，尽量用土鸡，肉质的风味更足；
② 白胡椒粒 1 小把，20~30 颗；
③ 老姜 4~5 片，小葱 2 根，切成葱段；
④ 老抽半瓷勺，盐 1 茶匙；
⑤ 如果习惯用台湾米酒或料酒去腥味的话，也可以用上 1 小碗，没有的
  话可以省略；
⑥ 色拉油 2 瓷勺（图中未列入）。

Tips 美味升级

- 整个菜谱中最重要的一味调料就是白胡椒粒，不能用白胡椒粉代替。
  无论在煲汤、蒸煮还是焖烧的菜式中，颗粒状的白胡椒都可以慢慢把
  风味渗透到食材中，香味悠长。白胡椒粉只适合在出锅之前加入菜肴
  里，否则容易丧失香气。
- 在选购白胡椒的时候，以大粒、饱满、气味强烈的为佳，可以选择海
  南产的白胡椒，质量较好。

步骤

1. 炒香料

用菜刀侧压一下胡椒粒，略微压碎。

向锅里放入 2 瓷勺色拉油，烧热之后用中火炒香姜片和胡椒碎。火力不要太大，以避免炒糊，但一定要炒出香气。

2. 炒鸡块

鸡肉剁块、洗净之后用厨房纸巾尽量擦干，倒入锅里煸炒到表面稍微变黄。需要每一块鸡肉都变色，都炒到半熟再进行下一步。

> **Tips** **美味升级**
>
> • 在红烧或焖煮各种肉的过程中，当肉还很生的时候，不要着急加水进入下一步，否则肉容易产生腥味，味道不好。

146

3. 焖煮鸡肉

加入 1 小碗米酒和适量水，水量的高度大约在鸡肉高度的一半，烧沸后盖上锅盖，用小火焖煮 40 分钟左右。

我用来焖煮的锅是铸铁锅，密封比较好，所以用的水量比较少。如果用其他铸铁锅或者保温非常好的砂锅，也可以只加到鸡肉一半分量的水。如果锅密封一般，水分容易蒸发，最好把水量加到没过鸡肉的表面。正如在原料部分所说，如果家里有米酒、料酒，可以用一小碗，没有的话就全部用清水代替。

土鸡肉质比较紧致，不容易软烂，所以焖煮的时间比较长。如果用的是肉鸡，那这一步可以缩短为 20 分钟，不然鸡肉会煮得过烂而失去口感。

小火慢慢地焖煮 40 分钟，让胡椒的香气都进入鸡块里。然后掀开锅盖，加入老抽和盐，转成中大火煮 4~5 分钟收干汤汁，在出锅前撒上葱段。

葱油鸡

√无糖　√优质蛋白　√低碳

原料

① 鸡大腿（手枪腿）两只，加起来大约 700 克；

② 大葱 1 段，大约如图长度即可，斜切成片；

③ 老姜几片；

④ 花椒大约 20 颗，盐 1 茶匙左右；

⑤ 小葱大约 4~5 根，切成小拇指长度的段。

⑥ 如果你对盐的分量不太有把握，可以准备 1 茶匙生抽，备用调味。

步骤

1. 炒香料

可以用普通炒锅或不粘锅，把锅烧热到手掌放到锅上方可以感受到有热气但没有冒烟的程度，倒入盐和花椒，转小火不停地翻炒 1 分钟。转小火和不停翻炒这两点都很重要，在没有油却足够热的锅里炒东西是最容易煳的。

炒到盐和花椒粒都有些热，炒过的花椒绽放得更开，厨房里的花椒香气更明显，则表示香料炒好了。

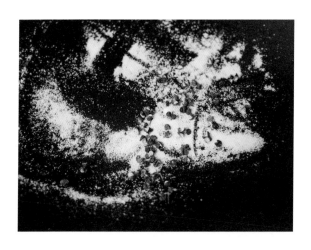

2. 腌制鸡腿肉

将鸡腿肉洗净之后用厨房纸巾尽量擦干，把刚刚炒热的盐和花椒粒抹在鸡腿上。抹在有鸡皮的那一面就可以了，尽量抹均匀，然后再码上几片大葱和老姜。

在腌制鸡肉的时候，如果不喜欢直接用手接触生肉，可以试试一次性塑料手套。一边抹调料一边稍微按摩鸡肉，鸡肉会更入味。

盖上保鲜膜，腌制 15 分钟，让盐分和香料的味道充分渗透到鸡肉里。蒸菜不同于炒菜，最好有一个腌制码味的过程，成品吃起来才不寡淡。

Tips 省时

- 如果想提前做准备，可以在前一天晚上把鸡腿加上炒热的盐、花椒粒腌好，用密封保鲜袋封好放到冰箱里。我建议不要放入切片的大葱，因为大葱易腐，在下一步蒸鸡肉的时候把葱片和姜片放上去即可。

3. 蒸鸡腿肉

往蒸锅里加入足够的水，大火煮沸后放入装了鸡腿肉的盘子，转小火再蒸 25~30 分钟。在蒸好的鸡腿"把手"处，可以看到鸡肉明显脱骨了。

蒸好的鸡腿肉略微放凉，约 5 分钟，撕掉鸡皮后扔掉，把鸡肉手撕成丝。用刀切成丝也行。

腌制鸡腿时用到的温热的盐和花椒，会在蒸制的过程中从鸡皮渗透到鸡肉里，撕成丝的鸡腿肉有咸味也有花椒的香气。鸡皮会有一点儿肥腻，也有一点儿咸，对瘦身有需求的人可以直接扔掉这部分动物脂肪。当然，如果你不介意这部分油脂，也可以和鸡肉一起切丝拌入菜里。

● 在蒸鱼蒸肉的时候，要等蒸锅里的水沸腾之后再把食材放进锅里。这是因为水沸腾之后，锅里的水蒸气才足够充沛。这个时候放入食材，能让食材迅速受热。一般计算这道菜需要蒸多久，也是从这个时候开始计时的。

4. 炸葱油

蒸好的鸡腿肉又嫩又香，其实已经有了很多可能，可以有多种多样的拌法。我想教你一个又简单又好吃的做法——用葱油。

将小葱洗净之后尽可能沥干，用厨房纸巾吸干水分。向炒锅里倒入大约 2 瓷勺的菜籽油或其他普通色拉油，开中火烧热之后放入小葱。瞬间就能听到"刺啦"一声，葱香蔓延至整个厨房。

小葱本身容易吸油，这一步千万不能因为锅里的油看起来不够就使劲儿加油，否则最后拌出来的鸡肉肯定会油腻。

将炸好的葱油趁热淋到鸡腿肉上，又是"刺啦"一声，拌匀，于是有了一碗完美的葱油鸡。

对咸淡掌握不到位的人，如果尝一口觉得味道有些淡，这个时候加一茶匙准备好的生抽，还来得及！

Tips 省力

- 清洗后的小葱水分多，炸葱油的时候很容易溅油，要注意以下三点：
  - 洗完小葱之后，在水池里用力甩几下，甩出大部分水分；
  - 如果时间充足，可以把小葱放到笊篱、筛网之类的工具上晾一晾，减少一部分水分；
  - 最后将小葱切成小拇指长度的段，放到厨房纸巾上吸干表面水分。

Tips 举一反三

- 这道菜用电饭煲也可以做。最方便的办法是，在蒸米饭的同时把鸡腿放到电饭煲上层蒸煮即可。电饭煲的火力比较小，蒸鸡腿的时间长短需要根据自己的电饭煲瓦数掌握，应该会比蒸锅的时间长，建议蒸半个小时左右。葱油可以在电饭煲内焖香，它对火候要求不高。

- 在微信公众号发布这篇菜谱之后，也有很多读者询问是否能用鸡胸肉来做。当然是可以的，但正如介绍食材时所说，鸡胸肉和鸡腿肉的肉质大不相同。最好把鸡胸肉片薄，缩短蒸制的时间，保证刚刚蒸熟就出锅，这样做好的鸡胸肉才不会又老又柴。

白菜焖鸡肉

√少油 √优质蛋白 √低碳

原料

① 鸡腿（手枪腿）2 个，剁成块，用整鸡做也可；

② 大白菜 1 棵，或娃娃菜 3 棵；

③ 生抽 0.5~1 瓷勺；

④ 盐 1 茶匙；

⑤ 老姜大约 7~8 片；

⑥ 小葱 3~4 根，切成葱段。

　　* 注意，这个做法适合用密封性比较好的铸铁锅来做，其次是砂锅、塔吉锅。不建议用普通的炒锅和汤锅，容易煳锅。

步骤

1. **腌鸡块**

   将剁成块的鸡腿，清洗、去皮、沥干，尽量用厨房纸巾擦干，加生抽腌制半个小时左右，在冰箱冷藏过夜也可。

Tips 美味升级

- 在红烧、焖煮、小炒鸡肉的时候，我对鸡腿肉有特别的偏好，喜欢用鸡腿代替整鸡。因为鸡腿肉嫩，被生抽或老抽腌制过的鸡腿肉更是嫩上加嫩。生抽或老抽里的糖有利于肉类保水，腌制后的肉口感好，还能有一股迷人的豉香味。这道菜里用的是生抽而不是老抽，是希望白菜的颜色不要被染得乌糟糟的，这道菜需要整体看起来更清爽更有夏天的感觉。
- 沥干和擦干的步骤也很重要，去掉水分的鸡肉下锅后能快速被炒香，表面快速变得微微焦黄，这样看着才有胃口。而不是一直出水、不断出水、最后一锅底都是水，使整锅菜都变得又腥又难吃。

2. 切白菜或娃娃菜

将大白菜或娃娃菜洗净后尽量甩干水分，然后切掉尾部，从中间纵向剖成两半，再分别切成大拇指宽度的段。

冬天的大白菜是这道菜的食材首选它的味道更清甜，有一种养了一个冬天后白白、胖胖、甜甜的可人劲儿。用娃娃菜代替也可以，质地是嫩的，味道也是甜的。一棵娃娃菜切成 4 段，别切太碎。

在选择食材的时候，尽量选择梗多的白菜或娃娃菜，千万不要用有过多叶子的白菜。这样才能让锅里的汁水更丰富却不会被烧煳，同时鸡肉也会更甜美。

3. 炒鸡块

选一个适合焖煮的、容量足够大的铸铁锅或砂锅，放入大约 1 瓷勺油，开中火烧热后爆香姜片，必须要炒到能闻到姜片的香气才行。

鸡块入锅，继续用中火翻炒到完全变色。

4. 焖鸡块

将切成段的娃娃菜，直接倒入锅里，全部堆在鸡块上。

不加水，盖上锅盖，转成小火慢慢焖。一滴额外水都不要加，完全利用娃娃菜里的水分来焖鸡肉。

在焖到 10 分钟的时候，打开锅盖看一眼。娃娃菜蔫儿了，体积也缩小了大约 1/3，满屋都是甜甜的香味。

不需要翻动它，继续用小火焖，一直焖够 30 分钟。菜梗和菜叶都已经完全软烂，锅底有汤汁，不干，鸡肉看起来汁水饱满。

打开锅盖，放盐调味，翻拌均匀。然后用大火收干汤汁，撒葱段出锅，一气呵成。

每一块鸡肉里都带有白菜的甜香，这是一道清淡又鲜美的炖煮菜。

咸柠檬魔芋烧鸭

√无糖　√优质蛋白　√低碳

原料

① 瘦水鸭 1 只，大约 600 克；

② 魔芋大约 200 克；

③ 盐 1 茶匙；

④ 郫县豆瓣 1 瓷勺；

⑤ 老姜 1 块，大蒜 4~5 瓣；

⑥ 咸柠檬 2 只，切成块；

⑦ 小葱 2~3 根，切成葱段。

　　原料中咸柠檬的用法更多为人所知的是港式饮品"咸柠七"，除了广东地区，咸柠檬作为独立的食材并不常见。事实上，咸柠檬出自潮汕地区，是用当地特产的青柠檬加盐水腌制而成的。青柠檬本身味道酸苦，但腌好之后酸中带咸，苦味尽出，只余清香。除了做"咸柠七"之外，咸柠檬也可以作为烹饪的调料使用。作为调料，咸柠檬不可以用普通的柠檬代替，因为未经腌制的普通柠檬久煮后涩味会很重。

步骤

1. 处理魔芋

将魔芋切成大约2.5厘米见
方的立方块，放在沸水中焯烫
30秒备用。魔芋不容易入味，
千万不要切得过大。

2. 处理鸭子

将鸭子剁成大小均匀的块状之后，尽可能地去掉肥厚的鸭皮，放入足
够没过鸭肉的凉水中煮沸，焯烫出鸭肉中的血水。然后把焯烫好的鸭
肉捞出来，冲洗干净、沥干备用。

3. 烧鸭子

烧热锅，放入2瓷勺油，以热
锅冷油的状态炒香拍碎的蒜瓣
和姜片，然后放入郫县豆瓣，
炒出红油。
倒入焯烫后洗净并沥干的鸭块，
翻炒上色。
加入魔芋块和足够没过食材的
水，开大火烧沸后转小火焖煮
40分钟以上。

Tips 美味升级

- 相比鸡肉来说，鸭肉的肉质要更紧实，烹饪时间需要延长一些才好。红烧菜一旦需要烹饪比较长的时间，就总有人掌握不好水量，放水多了怕味道淡，放水少了又担心烧干。

- 我一般会使用没过食材分量的水来做红烧类的菜，这个水量在大部分时候都是够用的。另外，对水量蒸发速度影响比较大的是烹饪锅具。如果是铸铁锅、砂锅这类密封性好的锅，水分蒸发速度比较慢。如果直接在铁制的炒锅里烹饪，水分蒸发速度会过快，那么水量最好在没过食材的基础上再多1厘米。

- 如果是新的锅，或者尝试新的红烧菜谱，即使掌握不好水量，也不要拘泥。在烹饪10分钟的时候打开锅盖看看，或者在水已经烧干但食材明显还没完烹饪到位的时候补一点儿水，虽然可能会导致口味上的缺失，但都好过烧坏一锅菜。

在焖煮40分钟之后，鸭肉呈酥软状态，此时再加入切成块的咸柠檬和1茶匙盐调味，开盖转中火烧20分钟，让水分完全烧干，也让咸柠檬的清香风味渗入鸭块和魔芋里。

在汤汁收干之后，尝尝咸淡略做调整，放入葱段装饰后就可以出锅了。

- 这道菜当然可以不用咸柠檬，口味重的人不妨多加一些豆瓣酱，与咸柠檬魔芋烧鸭不同的是，豆瓣酱炒出来的红油颜色更鲜亮，口味更鲜辣。

- 因为鸭子的烧制时间较长，有时候我会偷懒用鸡块来做这道菜，使用普通肉鸡可以缩短一半的烹饪时间。

- 需要注意的是，魔芋本身不易入味，如果平时吃饭口味偏重，那么在最后收汁的时候不要收得过干，多保留一点儿汤汁裹住魔芋，味道会更浓郁。

蛤蜊蟹黄豆腐

√无糖 √优质蛋白

原料

① 内酯豆腐 1 盒，大约 350 克；

② 蛤蜊 250 克；

③ 咸蛋黄 3~4 个（我是用咸鸭蛋现拆出来的，也可以直接买现成的咸蛋黄）；

④ 盐 0.5 茶匙；

⑤ 小葱 2 根，切成葱花。

步骤

1. 浸泡蛤蜊
将买来的蛤蜊泡入清水中，放入大约 1 茶匙盐，浸泡半小时以上，目的是让蛤蜊吐出沙子。

2. 处理豆腐
先用厨房剪刀剪开内酯豆腐包装盒底部的四个角，再剪开包装正面。这样做是因为盒子底部先进入了空气，倒出来的豆腐不容易碎。

把内酯豆腐切成 1.5 厘米见方的正方体之后，加一茶匙盐和没过豆腐的清水，一起煮沸，然后捞出豆腐，控干水分。

Tips 美味升级

* 将豆腐焯水，这是很容易被忽视的一个步骤。事实上，这个操作有利于去掉豆腐本身的豆腥味，也可以让不易入味的豆腐提前入味。焯过水的豆腐被煮掉了多余的水分，质地变得更加"紧实"，烹煮的时候也不容易碎。

3. 处理蛤蜊

另外烧沸一锅水，把蛤蜊倒入锅中，保持大火煮至蛤蜊开口即关火。

• 蛤蜊容易进沙子，而且容易煮老，事先焯一次水，一是可以让蛤蜊出沙更彻底，二是可以更好地控制蛤蜊的火候。在有蛤蜊刚刚出现开口的状态就关火，水的余温足以加热剩余的蛤蜊至完全开口。此时的蛤蜊肉还很嫩，火候也比较一致，后面再次加热的时候会更容易控制蛤蜊的烹饪时间。

用蛤蜊壳轻轻一撬煮开口的蛤蜊，取出蛤蜊肉。如果沙子比较多的话，可以用清水冲洗取出的蛤蜊肉。

4. 煮豆腐

烧热炒锅，放入大约 2 瓷勺油，再倒入咸蛋黄，用小火慢慢炒到起泡的状态。炒的过程中要不停地用锅铲背面碾压咸蛋黄，尽可能地压碎。

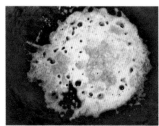

倒入切好的豆腐块，和足够没过豆腐块的水，加入盐，大火煮沸后用中小火慢煮。

豆腐本身是没有味道的，要入味只有两种方法：一是慢慢煨煮，二是出锅前勾芡。中小火煮 5~10 分钟左右，让水量减少至豆腐块以下。

加入焯过水的蛤蜊肉，再用中火煮半分钟即可出锅。有咸蛋黄打底的汤汁，加上 10 分钟的煨煮时间，豆腐是可以入味的，所以我会直接出锅，撒上葱花上桌。如果喜欢汤汁更浓稠，也可以在此时勾芡。把事先准备好的淀粉和水的混合物，

用筷子轻轻搅拌，让它融合成质地均匀的水淀粉，分两次淋入正在焖煮的豆腐里，然后马上出锅。

Tips 美味升级

* 分两次勾芡可以让豆腐更有光泽，而且勾好的芡不容易"澥"。将芡汁搅拌均匀，看到煮豆腐的汤明显变得浓稠之后就要马上关火，免得煳锅。

白灼虾

√无油　√无糖　√优质蛋白　√低碳

原料

① 鲜虾约 500 克；

② 柠檬 1 瓣，盐 0.5 茶匙；

③ 小米椒 2 根，生抽 1 瓷勺作为蘸料。其中生抽的实际用量为 1 瓷勺，
　但可能根据蘸料碟的大小需要调整。

在选择白灼用的鲜虾时，一要选活的，鲜活的基围虾或海白虾都比较适
合；二要挑个头，太大或太小的虾都不合适，尤其是个头过大的虾不好控
制火候，最好选择个头中等的，500 克虾里个数在 18~25 只为佳。

步骤

1. 清洗鲜虾

将新鲜的虾用流动的清水简单冲洗即可，清洗之后尽量沥干，不必剪虾须、去虾线。对于短时间烹饪的白灼虾，最佳的口感是弹牙的，如果提前去除虾线，容易导致虾肉的口感变"散"。

2. 煮虾

选一只足够大的汤锅，烧一大锅水。

Tips 美味升级

- 无论是白灼小海鲜、白灼蔬菜还是煮面、煮米粉都有一个共同点，就是水一定要多（水面要"宽"）。在白灼的时候，要想食材尽快熟透而不至于过了火候，那么锅里的水一定要保持比较高的温度。锅里有足够多的水，清洗食材后尽量把水沥干，水沸后再倒入食材这两点都能帮助保持水温。一次也不能煮过多食材，家庭用的大汤锅白灼 500 克左右的虾就是极限了。煮过多也会让水温骤然下降，整锅虾很难在短时间内达到合适的温度。
- 煮面、煮米粉也要用比较多的水，一方面是为了保持锅里的水温，另一方面是为了避免米面制品浑汤，让成品的"卖相"不够"干净"。

待锅里的水烧沸后，放入 1 瓣柠檬和半茶匙盐，倒入洗净并沥干水的虾，保持大火煮 15~20 秒即可。

- 在沸水中加盐，是为了让个头不小的虾略微入味。在沸水中加入柠檬有两个作用，一是可以给虾去腥，二是可以增加一丝柑橘的香气。

- 在做白灼虾的时候，虾肉一定不能老，所以火候极其重要。不时地用笊篱掂一掂虾，当明显感觉到虾的质感从松散变得结实又有弹性的时候，虾就煮好了，要马上出锅。煮的时间共计 15~20 秒，再煮久了，虾肉容易变得老、粉，口感失去弹性。

- 煮好的白灼虾出锅盛盘，另外用一只小碟子，把切碎的小米椒和生抽混合在一起，做成简单的蘸料。也有人喜欢在蘸料里放香醋，建议可以使用 4 ：1 的比例来调制生抽与香醋。

蚕豆拌虾仁

√无油　√无糖　√优质蛋白

原料

① 大虾 10~15 个，建议用基围虾或南美白虾；

② 剥壳后的蚕豆 100 克左右；

③ 小葱 2~3 根；

④ 花椒 10~15 颗；

⑤ 盐 0.5 ~1 茶匙；

⑥ 清鸡汤 1 小碗，大约 50 毫升（做法可参照"皮蛋蘑菇鲜虾汤"中鸡汤的做法）。

步骤

1. 处理虾

将虾冲洗干净之后沥干或用厨房纸巾擦干，剥掉虾头和虾壳。在虾背上深深地剖上一刀，去掉虾线。剖虾的时候下刀可以深一点，但不要剖断，这样虾仁煮熟之后形状会更漂亮。

2. 调汁

将花椒粒和盐一起放入锅中，用小火炒香。

把炒香的花椒和盐、葱段一起打成泥。

同时用一只小锅将鸡汤煮沸，冲入这份打成泥的椒麻酱汁里。

浸泡 5 分钟。

Tips 美味升级

- 浸泡的这 5 分钟是关键。"小葱＋花椒"的调味方式，借鉴了川菜中"椒麻"味的做法，有花椒的麻香，又有小葱的清香，同时还带上那么一点点葱辣味。简单的两种配料，组合起来味道层次却非常丰富。

- 将沸腾的鸡汤，冲入打好的椒麻酱汁浸泡 5 分钟，这期间花椒和小葱完全被烫熟，既去掉了小葱轻微的辣味，又增添了鸡汤的醇鲜，这个调味就对了。所以有人问鸡汤能不能省？答案是不能省。

- 如果没有搅拌机要怎么办？请细细地剁碎葱花，成品需要比葱花的颗粒度还要更碎一些，更偏向泥状的感觉。如果方便的话可以滤掉打碎的花椒，这样口感就更好了。

3. 焯烫食材

趁着浸泡调味汁的时候，烧上两锅水，一锅水沸腾后，中火焯上半分钟蚕豆，至蚕豆完全变色熟透。

另一锅水沸腾后，大火焯上半分钟虾仁，至虾仁完全卷曲熟透。

再尝一尝调味汁的咸度，咸淡合适就直接淋到焯好的蚕豆和虾仁上，这道菜就做好啦！

调味汁挂着麻、鲜、香和咸味，一起渗到蚕豆和虾仁上，是不是很简单？绿色的菜品很有春天的气息，又清爽又无油，非常适合夏天想要瘦身的人食用。

皮蛋蘑菇鲜虾汤

√无糖 √优质蛋白

原料

① 新鲜大虾 250 克，分量多一些少一些均可；

② 皮蛋 2 枚；

③ 适合煮汤的蘑菇 250 克左右，我用的是花菇和秀珍菇（袖珍菇）；

④ 老姜 2~3 片，香菜少许切成段；

⑤ 鸡汤 1 大碗；

⑥ 盐 1 茶匙左右，具体根据汤汁和食材的分量做调整；

⑦ 油 1 瓷勺（图中未列出）。

步骤

1. 提前准备一碗简易鸡汤

我经常会在家里备上一锅汤，用猪骨、牛骨、鸡骨熬制均可，把骨头先放入凉水中煮沸，这类似焯水的步骤。将焯水后的骨头洗净，重新加入干净的水，和拍碎的老姜 1 块、八角 1 颗、桂皮 1 小块、香叶几片、花椒几颗，再次煮沸之后转小火煮 20 分钟，完成后的汤就是适合家庭使用的简易高汤。

Tips 省时

- 有这样一碗汤底很方便，无论是做菜、煮火锅（比如前面写道的"韩式泡菜锅"），还是煮米粉、煮面条，都比只用清水做的味道更丰富鲜美。
- 做好的简易高汤如果能在 1~2 天内用完（早上煮碗面、晚上熬锅汤），就放到有盖子的容器里，放在冰箱冷藏就可以了。如果平时工作日时间紧，想在周末提前准备好，可以用各种密封的保鲜盒装起来冷冻，在需要用的当天，早上出门前从冷冻室转移到冷藏室，自然解冻即可。需要用的时候就算没有完全解冻也没有关系，直接放到锅里煮，效果是一样的。

2. 热汤

在汤锅（砂锅、铸铁锅均可）里放入大约 1 瓷勺油，中火烧热之后炒香姜片，把事先准备好的鸡汤倒入锅里，继续用中火加热。鸡汤加热至汤剩到锅容量的 3/5 左右，给食材留下空间。

3. 处理食材

在锅里加热鸡汤的时候，开始准备其他的食材。将蘑菇清洗沥干，虾去除虾线，做做修剪，用厨房剪刀剪开虾背到大约 1/4 的深度，这个程度可以轻易挑出虾线。再顺便剪掉虾须和虾枪，这样吃的时候不易扎嘴。最后切皮蛋和香菜。

把菜刀浸湿，这样能轻易地把皮蛋切成小瓣。

Tips 省时

- 我家常备的食材是海白虾，北京的菜市场经常有卖活的海白虾，下班的时候如果顺路可以捎上一斤。如果在工作日没时间，或是想在周末提前准备，可以在周末买虾、处理，按每次需要吃的分量放到冰箱冷冻室，在烹饪当天早上提前放入冷藏柜解冻。其他品种的虾当然也可以，比如北极虾就很方便，市场上大部分售卖的北极虾其本身就是熟制品，从超市买回来直接放入冰箱冷冻室保存就好。

Tips 省力

- 网上有些菜谱会说，用棉线来切皮蛋会比较规整，但是我认为在烹饪的时候频繁更换工具会造成负担。我的方法是把菜刀浸湿之后，在刀刃的中间、上面、下面，三个不同的位置切三次，一枚皮蛋从 1/2 到 1/4，再切一个 1/4。每切一刀都换一个刀刃的位置，这样就不容易把切过的蛋黄带到没切的皮蛋瓣儿上，显得不干净。切好一枚皮蛋后，清洗菜刀，再切另一枚。

4. 煮汤

在处理食材的时候，要随时观察汤锅。当发现锅里的汤已经烧沸了，就将蘑菇放进锅里。先把蘑菇放入汤里，可以吊出一些鲜味。煮蘑菇的时间比较灵活，可长可短，因为蘑菇耐煮。

当汤再次烧沸之后，放入处理好的虾和皮蛋。虾容易煮老，一定要沸水入锅。

加入盐调味，煮大约 30~60 秒，用筷子夹一夹虾肉，质感明显变得比较硬挺即可。关火，加入香菜就可以上桌了。

这道汤的灵感源于皮蛋鲜虾粥，食材很好准备，虾可以冷冻，皮蛋和蘑菇可以买好放入冰箱冷藏室保存。这道菜有荤有素还不会太占肚子，即使晚餐吃得晚，肠胃也不会负担过大。

做起来也非常快：第一次热汤大约 2~3 分钟；在热汤的同时，清洗蘑菇、处理虾、切皮蛋和香菜，大约需要 5~6 分钟；如果汤已经热好了，蘑菇可以随时放进去，煮 1~2 分钟；放入虾和皮蛋之后，再煮 1 分钟左右。如你所见，整个汤的烹饪时间加起来大概 10 分钟左右。

味道如何？很鲜。也无法不鲜呀，虾、皮蛋、蘑菇，都是非常鲜美的好食材。值得注意的是，一定要有鸡汤打底，整个汤水才会有醇厚的味道。

鲜拌蛏子

√少糖　√优质蛋白　√低碳

原料

① 新鲜带壳蛏子大约 750 克；

② 小米椒 2 根，切碎末；

③ 大蒜 2 瓣，切碎末；

④ 小葱 2~3 根，切成葱花；

⑤ 生抽 1 瓷勺；

⑥ 油 1 瓷勺（图中未列出）。

步骤

1. 处理蛏子

蛏子的泥沙非常多，做炒蛏子的
时候一般会用盐水浸泡帮助蛏子
吐泥，但是还会有少量泥沙清理
不干净，吃到嘴里难免还是有些
不愉快。做鲜拌蛏子的时候，我
会尽量把蛏子肉直接取出来，虽
然稍微有点儿费时间，但吃的时
候就干净痛快多了。

将蛏子买回来之后放到水盆里，在足够没过蛏子的水中浸泡，再往水
里加入 1 茶匙盐，泡 30~60 分钟，尽可能让蛏子吐净泥沙。

烧沸一大锅水，用笊篱将蛏子倒入锅里，大火煮到蛏子开口之后，捞
出来沥干备用。

Tips 美味升级

- 做小海鲜的时候，最不讨喜的口感是小海鲜的肉质过老。给小海鲜焯
  水的时候要注意，锅要大、水要多、火力要最大，这样小海鲜入锅之
  后才能快速地被煮到想要的熟度。如果锅小、水量少的话，会无法避
  免地延长小海鲜在锅里的烹煮时间，那么肉质一定会变老。
- 给贝类小海鲜焯水的时候，标准应该是煮到开口就立即捞出，这个时
  候往往锅里的水还没有到第二次煮沸。如果继续等到锅里的水第二次
  煮沸，小海鲜也容易烹饪过头而导致肉质变老。

将煮好的蛏子去掉壳边的泥线和蛏子肉旁边的沙袋，只留下蛏子肉。
如果肉上残留少许泥沙，用清水冲洗。
所有的蛏子肉处理好后只剩下一小盘。

2. 调汁

向炒锅里倒入 1 瓷勺油，中火烧热，倒入切碎的小米椒和蒜瓣，炒出
香味。然后加入 1 瓷勺生抽，让调味汁混合均匀后关火。
把做好的调味汁淋到蛏子肉上，撒上葱花即可。
做调味汁看起来非常简单，生抽的咸鲜味可以很好地突出小海鲜的风
味，加上辣味、蒜味、葱香，简单的调味吃起来不寡淡又激发食欲，
是最适合夏天的小凉菜之一。

烹饪技巧：处理鱼的小窍门

高蛋白低脂肪的鱼类，是在健康菜谱中绝不能忽略的食材。

如何处理鱼？

现在大部分人买鱼的时候会请摊贩杀好鱼，那么回家之后的处理步骤就会大大减少。对于大部分河鱼来说，剩下的步骤可以概括为清理、切鱼和腌制。

1. 清理

摊贩一般会去除鱼鳞和内脏，拿回家的鱼需要再检查鳃是否去干净了。没有去鳃的话并不用回去找摊贩，自己可以用厨房剪刀剪断鱼鳃的位置，轻而易举地取下鱼鳃。

再仔细地清洗鱼肚，尤其是还没有清理干净的黑膜，去除干净有助于去腥。轻轻地用洗碗布擦拭几次，就可以洗干净了。

2. 切鱼

片鱼片、切鱼丁对于家庭烹饪来说可能都是有点难度的手法，但给鱼打花刀还是非常简单的基本操作。让刀口和鱼身呈 45 度角，倾斜刀刃切到鱼身上，不要完全切到鱼骨，这就是简单的一字刀。每次花刀的间距在 2 厘米左右，把花刀从鱼鳃一直打到鱼尾就可以了。

斜着打一字刀会比垂直打一字刀的切面更深，鱼也更容易入味。当然，如果是鲫鱼这种本身就比较薄的鱼类，垂直打一字刀也未尝不可。

对于鱼身比较厚实的品种，可以打十字形花刀。方法是在打完一字形花刀之后，和第一次的刀口呈 60 度角的方向再打一次。不过十字形花刀一般用在做油炸鱼时更多，这本书的菜谱很少用到。

3. 腌制

鱼类尤其是新鲜河鱼，在烹饪之前可以先用盐腌制。腌制鱼有几个好处，一是可以利用盐的渗透压作用，让新鲜宰杀的鱼渗出血水，有利于去腥。烹饪前视情况将腌制过的鱼肉擦拭干净，或冲洗掉多余的盐分再擦干、烹饪。

二是可以改善一些河鱼的肉质，尤其对于草鱼、鲤鱼这样本身肉质不那么出色的河鱼来说，腌制后的鱼肉会比较紧实，成品能形成蒜瓣肉的形态，和没有腌制过的口感不可相提并论。

三是也有调味的效果，无论是只用盐腌制，还是加入了其他的香料，都可以提前给这道菜定下一个风味的基调。尤其对于清蒸鱼来说，在腌制的时候给鱼入味很重要。甚至对于盐的分量多少，也能让鱼肉的风味和口感大不一样。比如我在《日日之食》这本书里写过的"红烧刨盐鱼"，就是用大量的盐来腌制草鱼的。

至于完成腌制之后是否需要把鱼再清洗干净，这就看腌制调料的分量，和后续需要操作的烹饪步骤了。

注意，腌鱼的时间长短根据鱼的种类和烹饪方式的不同，也应当有所调整。比如想清蒸一条肉质本就鲜嫩的鲈鱼、鳜鱼，应当尽可能缩短腌制时间，几分钟就完全足够。如果腌制的时间太长，鱼肉反而会发"木"，就完全失去鲜嫩、鲜甜的口感了。

如何烹饪鱼？

相对健康的家常鱼类做法，最常用的是蒸、煎、烧。

1. 蒸鱼

蒸鱼最重要的是注意火候，因为鱼肉细嫩易熟，蒸久了口感易老。蒸鱼适合用沸水旺火蒸，也就是沸水入锅、大火蒸制，保证蒸锅里的蒸汽是充沛的状态。根据鱼的大小决定蒸制的时间，一般在8~12分钟不等。最好能在量化鱼的大小和蒸制时间后多尝试几次，掌握自家厨房工具蒸鱼的最佳时间。

2. 煎鱼

煎鱼最重要的是注意油温，油温要高、鱼身要干，煎出来的鱼才漂亮。具体方法是，把腌制好的鱼尽可能地用厨房纸巾擦干，放入已经微微冒烟的不粘煎锅中用中小火煎制。油温足够，才能让鱼皮迅速定型，不至于破皮。并且一定要在一面鱼身完全煎到位，即手提煎锅微微晃动，鱼身可以轻易地在锅里滑动，这个时候才能翻面再煎另一面，千万不要频繁给鱼翻面。

另外，本身无皮的鱼（比如黄辣丁等品种），油煎之后难免破坏外表，不美观，这一类的鱼在烹饪的时候可以视情况省去油煎的步骤。

3. 烧鱼

烧鱼的基本原理是用大量的汤汁让鱼肉入味，那么关键肯定是汤汁的风味了。有些鱼类肉质细嫩易熟，若长时间烹饪不仅易老，鱼肉也会完全散架。这个时候要把烧鱼的汤汁尽量提前调配好、烧出味，再放鱼入锅（可参考本书中的"酸豆角烧黄辣丁"）。否则汤汁的味道还需要烧制一段时间才出来，味道来不及渗透到鱼肉里面，鱼肉就已经老了。

清蒸鲈鱼

√少糖　√优质蛋白　√低碳

原料

① 新鲜鲈鱼（河鱼）1条，重量在600克左右为佳，最大不要超过750克。如果家里的锅比较小，也可以买500克左右的鲈鱼。

② 小葱3~4根，洗净切成葱段备用；

③ 盐半茶匙；

④ 蚝油半瓷勺，生抽半瓷勺；

⑤ 油2瓷勺（图中未列出）。

　　* 有些人可能会疑惑为什么蒸鱼不要放姜，鱼类一般不是要用老姜来去腥吗？我认为如果鱼本身够新鲜，这条鱼产地的水域水质过关，鱼肉的品质好，那么就不需要用姜。清蒸鱼主要吃的是鲜甜风味，姜的辛辣味太冲，反而会掩盖鱼的味道。小葱是可以和鲜甜风味相得益彰的，所以清蒸鱼比较适合搭配的是小葱。

步骤

1. 腌鱼

蒸鱼最关键的是新鲜度，在鱼刚刚宰杀清理好之后，最好能马上烹饪。
都市人买菜不方便，但也应该尽可能减少鱼放置的时间，以免鲜味流
失，蒸好的鱼吃起来不鲜甜。我一般会尽可能在离家近的菜市场买鱼，
请老板宰杀好之后直接带回家，马上把蒸锅烧上水，同时开始处理鱼。
有几次在买好鱼后没有马上处理，放了一个小时左右再烹饪，连平时
嘴不算刁的家属吃了之后，都觉得"今天的鱼没有平时的好吃呢"。

在鲈鱼两面各打上 3 道花刀，然后薄薄地撒上一层盐。花刀不宜过深，
大概到鱼肉深度的一半即可。

Tips 美味升级

- 清蒸鲈鱼前的腌制时间不需要太长，在烧水的 3~4 分钟里完成腌制步
  骤就可以了。少许盐可以让鱼肉多余的血水析出，并且让鱼肉略微入
  味。长时间腌制的鱼更适合煎制、红烧。

2. 蒸鱼

待蒸锅中的水烧沸后，将鱼放入锅里，盖上锅盖用大火蒸制 8 分钟。然后关火，不揭开锅盖，"虚蒸" 2 分钟。

Tips 美味升级

- 沸水入锅、用大火蒸的做法，比较适合用在细嫩易熟的食材上，如鱼、虾、扇贝。火力旺、蒸汽足，食材就能迅速蒸熟。要注意，蒸锅中的水完全烧沸到冒大泡才能把食材放进去，这样才能保证锅里有足够的蒸汽。

- 约 600 克的鲈鱼，先大火蒸 8 分钟，然后关火"虚蒸" 2 分钟，是为了保证既能让鱼肉完全蒸熟蒸透，又不至于蒸老。这个蒸制时间和各家厨房火力、鱼身大小有直接关系，建议在多次尝试后掌握最适合自己的蒸鱼时间。

有些人会习惯在蒸鱼的时候将鱼肚子向下，架上筷子作为支架，方便鱼肚里的水分流出。这种做法当然没问题，鱼身更容易蒸透，而且熟度也会更均匀。"架鱼"的动作不好操作，一般家庭烹饪用来蒸的鱼个头儿也不会特别大，所以不必强求。

和蒸鱼放姜一样，也有人因为惧怕鱼肉的腥味，在蒸鱼后把鱼盘里的汁水倒掉不用。我认为，如果鱼肉本身足够新鲜、产鱼地区的水质没有问题，就大可不必这样做。

3. 淋酱汁、明油

在蒸锅正在进行"虚蒸"步骤的时候，另起一个灶头烧热炒锅，准备制作酱汁。炒锅烧热后转小火，倒入大约 2 瓷勺油，再加入蚝油、生抽，用锅铲搅拌均匀。

将蒸好的鲈鱼铺上葱段，把烧热的酱汁均匀地淋到鱼身上就可以了。稀释后的生抽和蚝油可以进一步给鱼肉提鲜，将烧热的食用油淋到鱼身和葱段上，能激发出食材的香气。

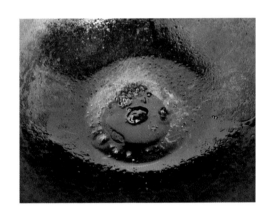

凉拌鲫鱼

√无油　√无糖　√优质蛋白　√低碳

原料

① 鲫鱼 2~3 条，500~750 克均可，尽量选腥味淡的野生鲫鱼；

② 腌鱼用到的原料：

　　1）老姜 3~4 片，

　　2）盐 1 茶匙，

　　3）白胡椒粉 0.5 茶匙；

③ 调汁用到的原料：

　　1）盐 1 茶匙，

　　2）鸡精 1 茶匙，

　　3）白砂糖半茶匙，

　　4）生抽 1~1.5 瓷勺，

　　5）小米椒 3~5 根，切成碎末，

　　6）小葱 7~8 根，切成葱花，

　　7）韭菜 2 根，切成碎末，

　　8）薄荷叶 1 小把，

　　9）矿泉水 1 瓶，实际使用 500~600 毫升。

步骤

1. 腌鱼

买鲫鱼的时候请老板帮忙处理好，回家后洗净鱼，用洗碗布轻轻擦掉鱼肚子里的黑膜，用厨房纸巾反复擦干鱼身。

在鱼身两面各划上 2~3 刀，薄薄地撒上一层盐和白胡椒粉，码上姜片，腌制 10 分钟。鲫鱼本身就比较薄，打花刀的时候注意轻轻划开就好。

Tips 美味升级

- 用盐腌鱼有两个好处：一是可以让鱼肉析出一些血水，起到去腥的作用；二是有利于淡水鱼形成"蒜瓣肉"的质感，这种方法用在草鱼之类本身肉质普通的鱼种上效果会更明显。

2. 蒸鱼

腌制 8 分钟左右就可以开始烧水了，蒸锅里的水完全烧沸后，在蒸屉上放上腌好的鱼，大火蒸 10 分钟。

3. 调汁

在蒸鱼的同时，可以调一个非常简单的汁。

取大约 50 毫升的小半碗矿泉水，加入调料中的盐、鸡精、糖、生抽，小火煮开。这一步是为了让调料融化得更彻底，否则在糖和盐纷纷沉底之后调味汁上面味淡下面齁。

再兑入 500 毫升左右的矿泉水，加入小米椒碎、韭菜碎、薄荷叶和葱花，静置几分钟让调味汁出味。

在调味汁配好了之后要尝尝咸淡，咸度应该比你想要的再多出一分来。如果咸度不够，可以再少量多次加一点儿生抽来调整。

如果是现做现吃，可以把所有的调料都放进去。也可以把调味汁提前做好后冰镇，那么在兑入矿泉水后就直接放入冰箱。辣椒末、韭菜末、葱花、薄荷这类新鲜食材可以在吃之前再放，免得变腐后难看。

将蒸好的鱼挪到一个大碗里，直接倒入调好的料汁即可。

鲫鱼肉薄，这种做法就已经非常入味了。小葱、韭菜、辣椒，各有各的辛香。加少许薄荷叶，是为了给已经非常清爽的菜式冉添儿分凉意。

Tips 举一反三

- 在我用的材料里，小葱、韭菜、小米椒、薄荷叶的比例大约为 3 ： 1 ： 1 ： 1。
- 这个菜的汤水多，我在第一次用 3 根小米椒来调味的时候，觉得辣度完全比不上炒菜里相同数量的效果。所以在第二次的时候加了 5 根，很爽口开胃。建议比较爱吃辣的人用 5 根，吃辣水平一般的用 2~3 根，完全不吃辣的人不用放。
- 不要省去小葱和韭菜，但如果不方便买薄荷叶，试试用紫苏、藿香、折耳根等本身自带特殊香气的食材，混合在里面会有意想不到的效果，每一味食材都会帮助呈现出香气和口味完全不同的凉拌鲫鱼。这个菜谱在发到微信公众号后，也有读者加入了香菜和柠檬片，颇有一些云南风味。

酸豆角烧黄辣丁

√优质蛋白　√低碳

原料

① 黄辣丁（也叫黄骨鱼、黄鸭叫、昂刺鱼）3~4 条，加起来大约 600 克左右，尽量选个头儿差不多大的；

② 各类泡菜若干，可以选用以下这些：

　　1）酸豆角 6~7 根切碎，或者用直接切碎的酸豆角大约 4 瓷勺，

　　2）泡姜，大拇指大小的 1 块，

　　3）泡椒，大约 2~3 根，我用的是泡二荆条，

　　4）野山椒（在做泡椒凤爪时常用到的那种，在超市有售），大约 20 根；

③ 大蒜 2 瓣；

④ 盐 1~2 茶匙，盐分量的掌握根据水的分量来决定，会写在步骤里；

⑤ 白砂糖半茶匙；

⑥ 陈醋 1 瓷勺；

⑦ 喜欢颜色重一点的，也可以加 0.5~1 瓷勺的老抽；

⑧ 小葱 3~4 根，切成葱花；

⑨ 油 2 瓷勺（图中未列出）。

各种泡菜的分量如下图所示：

所有的泡菜都切碎，分量比例大约是：泡椒碎末、野山椒碎末、泡姜碎末的总体积约与酸豆角碎末相同，这道菜主要以酸豆角来提味。

Tips **美味升级**

- 一般家里自己腌制或者网购的老坛泡菜，基本都可以直接用，不需要泡水。不方便买到泡菜的地区，比如北京，可以在菜市场买到酸豆角之类的食材，不过味道会偏咸，建议泡水 10 分钟之后再用。野山椒在所有菜市场卖调料的区域和大部分超市都能买到。
- 我用的泡椒是泡二荆条，二荆条本身味道不算过辣，略回甜，很适合使用。泡椒原料中常见的泡灯笼椒也可以用，完全没有问题。很多人会希望口味不要过辣，那么选取辣度低的品种，比如二荆条、灯笼椒，稍微减少野山椒的分量就可以了，口味可以根据自己的喜好调整。

步骤

1. 处理食材

将所有的泡菜和蒜瓣都切成碎末备用。

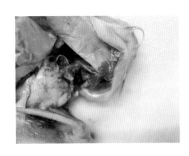

黄辣丁请卖鱼的摊贩处理好之后，冲洗干净备用。买回来的鱼看看是否有一些残留物，比如鱼鳃、黑膜等，要彻底清理干净。黄辣丁皮薄无鳞，肉质鲜嫩好入味，鱼腥味也不重，洗净之后就不需要做过多的预处理，是一种省心又好吃的鱼！

2. 炒泡菜

向炒锅里倒入大约 2 瓷勺的油烧热，用中火把蒜末和泡菜一起炒香。炒制过程中泡菜会有些出水，没有关系，不需要把它们炒干。

空气里会弥漫着一种"开胃"的香气——淡淡的酸，不刺激，很舒畅，是泡菜自然发酵得来的好味道。与醋酸味相比，明显要更收敛柔和，是我很喜欢的味道。

3. 调汤汁

往锅里倒入 800 毫升 ~1 升的清水，水的分量约占锅容量的 3/4，目测一下，鱼下锅后水量差不多能没过食材即可。转大火，把汤汁烧沸，然后加入盐、糖、陈醋和老抽。

除了盐，其他几味调料差不多都按照原料表里给的分量来添加就可以了，唯独盐不好掌握。因为每个人家里的锅大小不一，加的水量也会随锅而异。最好的办法就是多尝。待锅里的汤汁烧沸之后，少量多次地加盐。每次往锅里加盐之后，略拌一下，然后用瓷勺舀一点儿尝尝，最后汤汁比你能接受的咸度咸上那么一分就可以了。这咸出来的一分，是为了让鱼肉更入味。

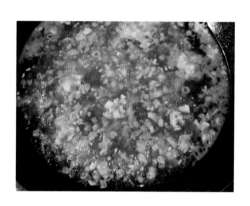

Tips 美味升级

- 先调对汤汁，再煮鱼，这很重要，因为黄辣丁肉嫩易散，如果鱼和清水一起入锅煮沸，等到鱼肉煮入味，可能肉已经散得夹不起来了。如果只依靠各种泡菜，酸度会稍微差一点儿，所以汤汁里需要加一点儿陈醋。用陈醋而不用白醋、香醋，是因为陈醋的酸度在这道菜里更合适一些，是能撑起整锅汤的"骨架"。

4. 煮鱼

将洗干净的黄辣丁，直接入锅，用中火煮 5 分钟左右。

在尝试这个酸豆角烧黄辣丁的菜谱时，我先试了和一般红烧鱼类似的处理流程：给鱼身打花刀、撒盐腌制、用热油煎了之后再红烧。因为黄辣丁肉质实在太鲜嫩，要按这些步骤来处理的话，还没等烧入味，鱼肉就彻底散架了，所以建议将整条鱼直接下锅。

汤汁在沸腾的时候刚好没过鱼是最好的状态，如果差一点儿也没关系，翻翻面就可以了。烧上 5 分钟至鱼肉完全熟透，关火撒葱花出锅。

先吃肉后喝汤，汤汁绝不能浪费，拌饭更是一绝。吃起来呼噜呼噜，是对这道菜的赞美声儿。

腊肠焗黄花鱼

√无油　√无糖　√优质蛋白　√低碳

原料

① 中等个头的黄花鱼 3 条，或小黄花鱼 4 条，共大约 1 千克；

② 手掌长度的腊肠（广式甜味香肠）1 根，如果喜欢这个味道的话可以加
到 2 根，但 2 根的分量已经到极限了，不要过多；

③ 拇指大小的老姜 1 块；

④ 盐 1 茶匙；

⑤ 小葱 1~2 根，切成葱段；

⑥ 清水约 50 毫升，也可以根据文末"举一反三"的建议更换所用的汤底。
所需工具为一个密封性比较好的铸铁锅，如果没有这种锅的话，也可
以在文末"举一反三 Tips"查看如何修改菜谱。

步骤

1. 清理黄花鱼

将买来收拾干净的黄花鱼洗净，
用纸巾反复擦干后，在鱼身两面
各划上 2~3 刀，摆入铸铁锅内，
并薄薄地撒上一层盐。注意鱼身
之间不要重叠，尽量让它们平摊
开来，有利于均匀受热。

2. 焗鱼

在鱼身上码上切成薄片的腊肠和姜片，顺着锅边淋入大约 50 毫升
清水。

盖上锅盖先开大火，1~2 分钟后锅边会冒出白汽，此时转小火，焗 10
分钟左右，出锅后撒上葱段即可。

这道菜利用铸铁锅的密封性，只用少量的水，最大限度地保留了食材
的原味。腊肠自带油脂和腊香，油脂和香气都可以渗透到黄花鱼里，
味道更鲜美。腊肠也可以换成金华火腿，本质都是给鱼肉提鲜。火腿
咸度会更高，最好提前做"拔盐"处理。

- 原菜谱中用以焗鱼的水量是 50 毫升左右的清水，用量不大，在焗鱼的过程中鱼肉本身也会析出水分，只要注意及时转小火，就不会焗干。这 50 毫升清水也可以替换成其他的液体，比如料酒、台湾米酒、高度白酒等各带独特的酒香的酒。也可以换成生抽或鱼露，则另有一番鲜味。生抽或鱼露本身的咸度已经足够，原菜谱中的盐就需要减量或直接舍弃。
- 除了黄花鱼，也可以选择武昌鱼、多宝鱼、鲈鱼等，尽量选择肉质不过厚的、鱼身较为扁平的，能焗得比较均匀。
- 如果没有铸铁锅，也可以把这道菜谱改焗为蒸，原料码好之后沸水上锅蒸制差不多的时间即可。如果改成蒸的话，就不需要往碗里再加水了。

醪糟蒸小黄鱼

√无油　√优质蛋白

原料

① 小黄鱼大约 3~4 条，加起来的重量在 500 克左右；

② 取醪糟连米带水的部分，4 瓷勺左右；

③ 切碎的辣椒 1 瓷勺，这个辣椒可以选用不同种类：剁辣椒、野山椒、
泡椒、新鲜红辣椒……不同的辣椒做出来的风味大不相同，会是完全
不同的菜式，但可以一变多最让人喜欢了；

④ 生抽 1 瓷勺；

⑤ 小葱 2~3 根，切成葱花。

步骤

1. 调汁

往蒸锅里倒入水，把买来的小黄
鱼洗净，尤其注意洗掉鱼肚子里
的黑膜，然后开始调汁。

说来简单，这个菜谱基本上就靠
这一步成菜了。制作这关键性的
料汁也简单，按列举出来的调料
分量，混合醪糟、生抽、辣椒，
得到一碗稀稀疏疏的汤汁。

我做菜习惯把所有的调料都尝一尝，知道调料的味道，对成品的味道
才能发挥想象。尤其这种给菜肴"定型"的料汁味道，更是非尝不可。
这个醪糟底子的汤汁该是什么味道呢？一点儿咸——来自生抽；一点
儿鲜——也是来自生抽；还有一点儿甜——来自醪糟，但甜度不会过
分。调出的汁倒是不辣，跟我选的剁辣椒辣度不高有关。你也可以选
用比较辣的辣椒，味道不会奇怪的。

料汁整体吃不出特别的味道来，可能还会觉得有一点儿奇怪——这不
是说这道菜不好吃，只是对料汁比较直白的一个描述。我不想过于美
化菜谱的某个步骤，这样你照做的时候很容易跑偏。相信我，鱼类食
材和鲜味料汁的融合是很奇妙的化学反应，最后做成的鱼是非常美
味的！

> **Tips 美味升级**
>
> • 这道菜里，生抽的好坏会直接决定成品的水准，你大可用普通生抽试
> 试看。我比较推荐的是一些香港老牌生抽，我用的品牌是"大孖酱园"
> 的头抽，在淘宝可以买到。

2. 蒸鱼

将调好的料汁淋到已清理干净的鱼身上，分量以稍微浸到鱼身为佳，但不需要没过鱼身。

淋之前要将清理干净的鱼尽量用厨房纸巾擦干，避免碗里有过多的水分。水分过多会冲淡料汁，也会让鱼肉变得软烂没了卖相。料汁不需要没过鱼身，同样也是避免汤水过多影响美观。因为选用的鱼比较小也比较薄，还是很容易入味的。

待蒸锅里的水烧开之后，把碗放入锅里，大火蒸8分钟左右就可以了。

Tips 美味升级

- 在蒸菜的时候请务必在水沸腾之后再把食材放进锅里，蒸锅里有了充沛的蒸汽，食材才能迅速受热。蒸鱼、虾之类质地细嫩的食材，我一般用大火，为的是让它们快速熟透。如果慢吞吞地蒸，肉质易老。

- 蒸制时间要根据鱼的大小做调整，我用的小黄鱼个头儿不大，但是4条鱼放在一只盘子里略有一点挤，鱼身有些堆叠，最后选择蒸了8分钟。如果你平时蒸菜的时候觉得成品碗里水分过多，那么很可能是食材出水过多，或锅盖滴漏的水过多。所以要尽量擦干食材。在碗上覆盖保鲜膜或锡纸也是解决水分过多的好办法。

蒸熟之后撒上葱花就可以上桌啦，清清爽爽的红绿色，很好看。摆盘看起来就好清爽，吃起来更是。丝丝咸鲜甜的风味渗透到鱼肉里，一点点拆下来细吃，风味拔群。在炎热的夏天吃尤其舒服，开胃却不腻，简直吃不够。

Tips 举一反三

- 同样的办法也可以用来蒸其他类型的鱼，但最好选择鱼身肉比较薄的，方便入味。
- 我尝试过蒸带鱼，不常被用来蒸制的鱼类做起来也很出色。将带鱼切成菱形块，其他的原料、步骤完全一样。因为带鱼在碗里会被堆积得稍厚，我把蒸制时间延长到 10 分钟。效果极好！比起平时油炸、红烧的带鱼，完全是另外一番清清爽爽的风味，感觉见到了带鱼不为人知的一面。

芥菜鲈鱼汤

√无糖　√优质蛋白　√低碳

原料

① 新鲜鲈鱼1条，大约600克，也可以用鳜鱼、黑鱼、鲴鱼，或鳙鱼（胖头鱼）的鱼头来代替，选新鲜现杀的就好；

② 芥菜1棵，200~300克，也可以用小油菜、豌豆尖等青菜；

③ 老姜3~4片；

④ 盐1茶匙加0.5~1瓷勺，前者腌鱼用，后者入汤用，入汤用的盐分量油汤水多少决定；

⑤ 白胡椒粉半茶匙；

⑥ 油1瓷勺（图中未列出）。

步骤

1. 清理鲈鱼、腌鱼

请摊贩杀好鲈鱼，清理干净。回家后再次冲洗，接着在鲈鱼两面各斜划3刀。花刀不用打得过深，以免煮的时候鱼肉散架。

在鱼身两面各薄薄地撒一层盐，腌制10分钟。这步的目的是让鱼肉紧实，渗出血水。腌鱼用盐的分量不需要过多，1茶匙足够。

趁着腌鱼的工夫，把芥菜洗净之后梗部切成丁，叶子部分切成小段，切好的菜梗和菜叶分开放置。

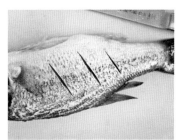

2. 煎鱼

在煎鱼之前，先在一只灶头上起一口锅，烧一锅水。

再往平底锅里放入一勺油，大火烧热到微微冒烟的状态。将腌制过的鱼用厨房纸巾吸干水，放入煎锅，转小火之后单面煎上 2~3 分钟，直到晃动锅的时候鱼身可以轻易滑动，再翻面煎另一边。

Tips 美味升级

- 大火烧热到油温足够高、吸净鱼身的血水和不要过快给鱼翻面，这三点都是为了保证煎鱼不破皮、不粘锅。在煎鱼的时候转小火，是为了在鱼皮定型的时候保持火力适当，让鱼皮不至于煎煳。

煎另一面时，顺便在锅里找个空地儿放入姜片。

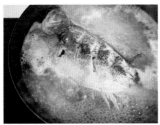

3. 煮汤

在观察鱼身两面都被煎透之后，转大火，注入差不多没过鱼身的热水，加盐。

盖上锅盖煮 2 分钟，让整条鱼都熟透。煮鱼的时候要稍微早一点儿加盐，鱼才能充分入味。

用大火、沸水继续煮制，油脂乳化，鱼汤的汤色就会慢慢变白。用大火煮 5 分钟左右，鱼汤就能达到这样的状态。

这个时候轻轻拨开鱼身，放入切好的菜梗。

煮半分钟，再放入剩下的菜叶。

出锅的时候稍撒一层白胡椒粉就可以了。

主食

杂粮饭

√粗粮

原料

我常用来做杂粮饭的食材有：小麦仁、黄米、高粱米、燕麦米、绿豆、扁豆、小米、荞麦米、红米等，这类杂粮不算特别坚硬，可以直接混合起来，在烹饪之前浸泡的时间短。糙米、黑米类的杂粮，质地相对硬一些，我会减少它们在杂粮饭里的使用比例，或者单独延长浸泡时间。

已经预处理过的杂粮（提前浸泡过、提前冷冻过或者直接购买后和大米同时烹饪的杂粮）每次取用的分量，和大米混合比约为 1：4 或 1：5，甚至 1：10，用量完全看个人喜好和需求，但不建议杂粮的比例过高，因为会影响米饭的口感。

步骤

将杂粮和大米一起淘洗干净，放在笊篱上沥干水分，直至所有谷物的表面都比较干燥，微微发白。沥干的过程需要 10~20 分钟。

根据自己喜好的软硬程度，按米与水呈 1 : 1.1 至 1 : 1.2 的比例，将谷物浸泡 30 分钟以上。这个步骤是为了让洗净的谷物吸满水，煮饭的时候谷物中的淀粉会更易糊化，普通的大米也可以这样操作。

把泡好的谷物用自己喜欢的工具（土锅、铸铁锅或电饭煲）烹饪即可。

需要注意的是，杂粮饭虽好，却不适合所有人吃。比如部分有慢性疾病的人，可能不适合吃杂粮饭，或者不适合顿顿吃杂粮。这本菜谱不是从"食疗"角度出发设计的，只是讲大部分人都适用的健康饮食菜谱。杂粮饭或其他菜都可能有不适合食用的人群，无法一一列举，有饮食禁忌的读者请注意遵循医嘱。

如果买不到免浸泡的杂粮，也可以根据自己的喜好买市售的普通杂粮，搭配出不同类型和口味的杂粮饭。关键在于根据不同杂粮的特点摸索出所选杂粮的口感：偏硬还是偏软？需要浸泡的时间是泡 15 分钟、泡 4 个小时，还是浸泡过夜？不同杂粮的吸水率是怎样的，是不容易吸水还是容易吸水？如此就可以举一反三了。

红米红芸豆饭

以红米红芸豆饭为例，搭配的两种食材是细长形的硬质红米和红芸豆，比例为红米 1 电饭煲量杯，红芸豆 10 颗左右。考虑到红芸豆泡水之后体积会增大，所以不需要使用太多，少用一些作为点缀即可。

因为这两种杂粮的质地都比较硬，并且不容易熟，所以需要提前一晚将它们分别浸泡过夜。

考虑到红米和红芸豆的吸水率都不强，在第一次用这个组合的时候，我用的杂粮与水体积比例是 1 ∶ 1.05（平时煮普通粳米是 1 ∶ 1.1 至 1 ∶ 1.2），但煮出来水分偏多，大部分的红米吸水率比我想象的吸水率更低。第二次用这个组合的时候，把杂粮与水的体积比调整为 1 ∶ 1，使杂粮和水的体积完全持平。

用这种比例煮好的红米红芸豆饭，锅底才没有多余的水汽，而浸泡过很长时间的红米和红芸豆也完全熟透了。虽然红米的口感偏硬，但是也挺有嚼头。如果不喜欢纯粗粮口感的米饭，大可搭配一些精米混合煮，至于放多少水，建议按 1 ∶ 1.05 来试试。

227

山珍海味泡饭

√少油　√少糖

原料

① 煮好的米饭 1 碗，大约是平时常吃的 1 饭碗的分量，新鲜米饭或剩饭都可以；

② 干香菇或干花菇 2~3 朵，提前一晚放到凉水里泡发备用；

③ 新鲜春笋 1 棵，切成笋丝备用；

④ 里脊肉或鸡胸肉 1 小块，大约 50 克就够了，切丝备用；

⑤ 虾干 4~5 个，提前半小时泡水备用；

⑥ 老抽 1 茶匙，用来腌制肉丝。

⑦ 老姜 3~4 片，切成姜丝；

⑧ 小葱 2~3 根，分开葱白和葱绿备用（右边的碟子里）；

⑨ 香芹 1 根，取香芹梗切成碎末；

⑪ 盐 1 茶匙（需要根据粥的咸淡调整，一大锅粥我用了 2 茶匙盐）；

⑫ 白胡椒粉 1 茶匙。

步骤

1. 处理春笋

所有的原料里，泡发的、切丝的，先泡发再切丝的都好处理，最难处理的是春笋。大家可能有这样一个疑问：我知道要剥壳，但剥着剥着手上就不剩东西了是怎么回事？

Tips 省力

- 我处理新鲜笋类的办法比较偷懒但实用，先把春笋纵向剖成两半。
- 像春笋、尖椒、香肠这种圆滚滚的食材，因为不容易放稳，刀子一滑开就容易切到手，下刀的时候要格外小心。先用菜刀的尾部直角把春笋切出一个口子，再把刀刃放到这个口子里，用左手手掌按住刀身往下压，保持一个很稳的状态，就不容易切到手啦。

- 被剖成两半的春笋，笋衣自然微张，顺着这个张开的笋衣剥下来就好了，右侧下面图中左边半棵笋是被剥干净的"裸体"笋。用这个方法剥笋衣是不是容易多了？

将剥下来的春笋放到凉水里，和水一起煮沸，然后转小火再煮 5 分钟，目的是去掉新鲜笋的涩味和部分草酸。这样处理后的笋吃起来不涩口、不伤胃。

2. 处理其他食材

- 干香菇或干花菇在清水中浸泡 4 个小时以上，直到完全泡开备用，也可以浸泡过夜，切成片。
- 虾干提前半个小时左右泡上水，然后切成碎末。
- 猪里脊肉或鸡胸肉切丝，用 1 茶匙老抽抓匀，腌上备用。
- 老姜先切片后切丝，香葱、芹菜洗干净切成碎末，把葱白和葱绿分开。
- 这会儿春笋也煮好了，捞出来之后冲凉沥干，先切片后切丝。（图中示意的笋分量比较多，实际上一小棵就足够。）

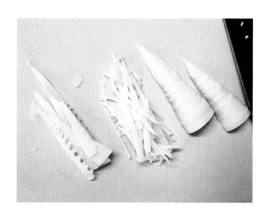

Tips 省时

- 我都是按照耗时长短来排列食材的处理顺序：前一天晚上把干香菇或干花菇泡水，第二天在准备做饭的时候把虾干泡上。先处理春笋，利用煮笋的时间来切肉腌肉、切姜、葱、芹菜，最后再切笋。

3. 炒香食材

即使食材是好的、鲜的，也要处理到位，才能呈现出最好的味道。往锅里放 1 瓷勺油，中火烧热之后，依次放入姜丝和沥干水的虾米碎，炒出香气。

姜丝和浸过水的虾干比较耐热，所以先炒它们。然后放入笋丝和香菇片，炒干它们的水汽，也炒出一些香味。

最后把有香气但不适合久炒的葱白末也放进去，炒出葱香味。此时，这一锅已经有姜香、葱香和来自各种山珍海味的香味了，非常迷人。

4. 煮泡饭

把碗里的米饭拨到锅里，加入米饭分量4倍的水，开大火煮沸，然后转小火慢煮。

Tips 美味升级

- 为什么水的分量是米饭的4倍？试出来的。3倍或5倍的水量我都尝试过，3倍水量不够，后面会需要再加水，而5倍水量需要煮太久。4倍的水量，加上米饭本身会糊化和膨胀，快速煮一锅泡饭是合适的。
- 煮粥或者煮泡饭的中途到底能不能加水？如果粥都快煮干了，米饭快变成一锅煳米饭了，那就别死磕着不加水了，做菜最重要的是灵活。
- 煮泡饭的水有没有什么名堂？我把泡干香菇的水也倒进了锅中，既有泡发干货后的自然深色，又多了一层香气。要注意，泡发的水不要一股脑儿都倒进锅里，因为保不齐在碗底会留有一些干香菇上的泥沙。

大火煮沸之后转小火，煮到4~5分钟的时候，饭粒就已经开花了。熟米饭煮起来要快一些。

在饭粒开花之后，继续小火煮1~2分钟，让粥水和食材融合得更好。然后把肉丝放进去，用筷子拨散，同时加盐调味。不要过早在粥中加盐，免得因为水分蒸发而过咸，在快出锅的时候调味即可。

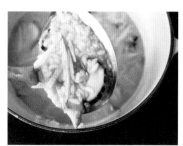
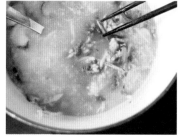

如果粥底微微冒泡，说明火力是足够的。等其他食材熟的差不多了，这时候放肉丝才不容易煮老。继续煮 0.5~1 分钟，观察所有的肉丝都变色熟透，关火。加入葱绿末、芹菜末，撒 1 勺白胡椒粉。啊！扑鼻的香！

出锅后，立即呼噜噜干掉一碗，每一粒米、每一滴汤都足够鲜！

Tips 举一反三

- 一定会有人问，这个粥的做法是不是只适合用剩米饭，直接用生大米行不行？答案是都可以，不过要延长煮的时间，配料保持一致，煮粥的这一步按自己平时煮粥的时间来控制就可以了。

鱼腩糙米粥

√少油　√无糖　√优质蛋白　√粗粮

原料

① 糙米 1 杯（电饭煲通用量杯）；

② 新鲜鲈鱼的鱼肚 2 块，大约 200 克；

③ 老姜 2~3 片，切成姜丝；

④ 盐 1 茶匙；

⑤ 白胡椒粉 1 小撮；

⑥ 香菜 2~3 根；

⑦ 腌鱼用的调料（图中分量外）：盐半茶匙，食用油 1 茶匙。

步骤

1. 煮粥底

将糙米浸泡过夜后，加糙米分量6~8倍的水，大火煮沸后转小火煮
40~60分钟，煮到糙米开花。

在煮粥过程中，如果水量蒸发过快，可以适量添加水。

2. 腌鱼

取新鲜鲈鱼鱼肚附近的肉2块，用半茶匙盐、1茶匙食用油和少许姜
丝腌制10分钟。

3. 煮粥

将粥底煮沸后放入腌好的鱼块，
加 1 茶匙盐，转小火煮 5 分钟，
然后关火静置 5 分钟。

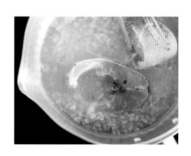

Tips 美味升级

- 先将粥底煮沸是为了让鱼块入锅能迅速受热，小火煮 5 分钟后再关火
  静置 5 分钟，是为了利用粥里的余热让鱼块彻底熟透，又不至于让鱼
  肉过老，这和"清蒸鲈鱼"中"虚蒸"步骤的作用是类似的。

关火静置 5 分钟后，鱼块已经完
全熟透，判断熟透的标准是鱼肉
会微微开裂。此时将整锅粥再次
煮沸，出锅后撒白胡椒粉和香菜
即可。

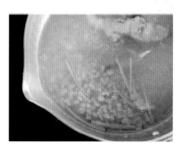

Tips 举一反三

- 因为白米粥的升糖指数比较
  高，所以我时常把爱吃的各种
  皮蛋瘦肉粥、鱼腩粥、虾蟹粥
  的粥底由精米换成糙米。使用
  糙米，除了浸泡和煮粥的时间
  稍长一些，风味完全不受影响。

咸丸

√少油　√无糖

原料

① 肋排 400~500 克，剁成适合煮汤的小块（可请肉摊老板代劳）；

② 八角 1 颗，老姜 1 块，白胡椒粒 10 颗左右；

③ 冬天的大白菜半棵，大约 500 克；

④ 泡发的干花菇 2 朵，大虾干 6~7 个浸泡约半小时；

⑤ 盐 1 茶匙；

⑥ 小葱 3~4 根，切成葱花；

⑦ 无馅的小汤圆 20 个左右；

⑧ 油 2 瓷勺（图中未列出）。

步骤

1. 煮一锅排骨汤

将肋排洗净之后放入凉水，中火煮沸，焯掉血水，再次冲洗干净。

把老姜和白胡椒粒拍碎。如果家里没有白胡椒粒，也可以用白胡椒粉代替。不过白胡椒粉的香气容易散，最好在出锅后再撒在汤面上。

在高压锅加入排骨体积 3~4 倍的清水，煮沸（上汽）之后转小火再煮20 分钟，煮出一锅基本的排骨汤底。没有高压锅的话，用普通汤锅慢慢煲 1 个小时也可。

也不一定要用排骨汤底，但整体思路是：汤既要清淡百搭，又不能缺少鲜味。香料不需要过多，调味也完全为零，清淡百搭的一锅汤底给后续的食材提供了更多的想象力。至于鲜味，骨边肉就是至鲜之一。由于排骨汤易于存放，可以炖出一大锅，留出一碗不调味，密封好后放入冰箱冷藏作为高汤。

2. 炒菜

将泡发的花菇切成薄片，大白菜切成大拇指长度的段。向锅里加入大约 2 瓷勺油，先炒香花菇片和虾干。

再放入白菜翻炒到稍稍变软，连汤带料放入排骨汤，大火煮开。

3. 煮咸丸

在煮汤的同时，另起一只锅煮小汤圆。沸水入锅，中小火煮到小汤圆漂在水上，就表明熟了。

将小汤圆捞起来，沥下水，放到煮好的汤底中，加盐调味。

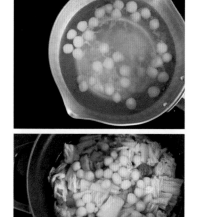

Tips 美味升级

• 不将小汤圆直接放到汤底中煮，是为了避免有面汤味。

242

将葱花放到碗底，将汤水冲入碗里。

Tips **美味升级**

- 对于葱花的操作，我们一般是把葱花撒到煮好的汤表面上。其实很多泡过茶的人都知道，如果粗暴地用沸水直接冲击茶叶，茶叶的味道会被析出得更彻底。与可能造成茶汤苦涩的结果不同，我们希望小葱的香气充分散发出来，所以用煮好的汤水冲入装了小葱的碗里，可以更好地让小葱的香气散发出来。

Tips **省时省力**

- 这锅汤也可以成为一道快手菜，提前一晚将排骨汤煮好，泡上子花菇和虾干，第二天做，10 分钟内就可以迅速完成。

如果买不到不带馅儿的小汤圆，也可以自己做。用 35 克糯米粉、30 克清水，即糯米粉：水 =1 ：1 的基础上多撒 1 茶匙糯米粉，搅拌成干湿合适的橡皮泥质感，软度像耳垂，不会湿到黏手的程度。

揉成半径大约 1 厘米的小丸子。

Tips 举一反三

- 可以试试用猪肝、腰花、鱿鱼干来搭配汤底，猪肝和腰花的原料要新鲜、烫煮时间要短，风味主调仍然是鲜味。贝类、虾蟹、鸡肉、蛋饺等适合煮汤的鲜味食材也都不妨一试。蔬菜类除了白菜，也可以尝试白萝卜，有一味自带甜味的食材可以给汤底加分不少。
- 当然也可以将汤里的主食换成其他的食材，比如年糕、乌冬面、小馄饨等，成品都非常和谐好吃。

泰式凉拌荞麦面

√无油　√粗粮　√无动物脂肪

原料（两人份）

① 荞麦面 200~250 克；

② 紫洋葱 1/4 个，或者用小的红葱头 1~2 个；

③ 大蒜 2 瓣，切成蒜末；

④ 小米椒 2 个，切成碎末；

⑤ 柠檬半个，榨成柠檬汁，滤籽备用；

⑥ 鱼露大约 2 瓷勺；

⑦ 盐半茶匙；

⑧ 白砂糖 1 茶匙，如果用泰国产的棕榈糖，味道更好；

⑨ 点缀用的小葱或薄荷叶少许（图中未列出）。

了解食材

荞麦面是粗粮制品，一般是用荞麦面粉和小麦面粉按一定比例掺起来做成。喜食荞麦面的国家——日本，会根据荞麦种子的不同部位磨出不同的荞麦粉并区分为不同的等级，不同等级的荞麦粉做出的荞麦面黏性不一样，有些口感更粗糙，有些口感更细滑。产品包装上标识的"n割荞麦面"的含义是荞麦面粉和小麦面粉不同的比例。如果全都用荞麦面粉制作，则是"十割荞麦面"，用7成荞麦面粉混合3成小麦面粉，则是"七割荞麦面"。荞麦面粉含量高的面条更接近粗粮本身的定义，但会牺牲一定的口感，这就看自己如何选择了。

步骤

1. 拌调味汁

将小米椒、蒜末、紫洋葱或红葱头都切碎，和所有的调料一起拌匀，静置 5 分钟左右，让盐和糖充分融化。

2. 煮荞麦面

在准备调味汁的同时，烧上一锅水，水的分量不要过少，避免荞麦面粘连成一团。以使用 200~250 克荞麦面为例，最好能保证锅里有 3 升的清水。

水煮开后放入荞麦面，关小火，按荞麦面包装上标识的时间将荞麦面煮熟，一般是 3~4 分钟，这根据荞麦面的品牌或荞麦粉的含量不同而有所差异。

刚煮好的荞麦面面汤浑浊。

需要用双手轻轻地搓洗荞麦面，并换水，如此反复三四次，直到浸泡荞麦面的水变得清澈。

Tips 美味升级

• 我们在制作凉面的时候，大部分的处理方法都是直接把煮熟的面条拌入调料。对于黏性比较大的面条，也会用冲凉水、拌油的方法防粘连，唯独荞麦面需要搓洗。这是因为荞麦面本身的质地特殊，搓洗的步骤可以洗掉荞麦面中多余的淀粉，让它的口感更劲道。

3. 拌面

将搓洗好的荞麦面沥干水，和所有的调味汁拌匀即可。

Tips 美味升级

• 无论是拌哪种面条，都尽可能在煮完面或冲完水之后沥干水分。面条上多余的水分容易冲淡调味汁，将湿漉漉的面条直接拿来拌凉面，成品的味道会受到影响。

上桌的时候撒上葱花或薄荷叶作为装饰就可以了。

第二部分　工具

陶瓷烤网

陶瓷烤网是我在 2015 年接触到的新厨具，是一个很有趣的厨具！

最开始看到这个烤网是在 Instagram（一个图片分享软件）上，我关注的一个日本主妇发布了一些用这个工具烤面包、蔬菜、年糕的照片。它看起来方便又好用，于是我买了一个回家试试。

陶瓷烤网包括一层铁丝网和一层陶瓷层。陶瓷层有红外辐射的效果，升温快，简单地烤面包或者蔬菜确实美味。与烤箱相比，陶瓷烤网烤出的东西也能多出一层明火特有的炭烤香气，风味更诱人。缺点当然也有：面积太小，一次不能烤过多食材；易受热不均，中间比四周受热要快很多；由于油脂滴到陶瓷层上会无法清洗，所以不能烤有油的食材，这意味着很多肉类都不能用它操作，也不能用于 BBQ（野外烧烤）。

无论如何，在家庭厨房中，陶瓷烤网确实是一个非常好用的明火烹饪工具，亦中亦西，发挥空间很大。在购买的时候，建议选择最上层的铁丝网和下层陶瓷区域可以拆分的款式，这样清洁起来会方便很多。尽量选择大尺寸的款式，这样可以摆放更多食材。

烤年糕、面包片都方便好用，能以肉眼可见的方式控制火候，看着年糕烤到爆开的状态，总是忍不住还未等到它凉，就马上抓起来吃！

用烤网烤的蔬菜，在熟透的同时也会脱水，质感明显变薄。用烤网烤熟的蔬菜有丝丝炭火香气，并且因为已经脱水，风味更显浓郁，口感会变得不水嫩，但是会有些脆。这

样的蔬菜很适合用来拌沙拉、作为三明治夹馅或比萨的馅料（放在比萨上的蔬菜类食材一般需要翻炒脱水）。也有一类蔬菜不适合用烤网来烤，比如蘑菇。我曾经试着用陶瓷烤网烤杏鲍菇，杏鲍菇的汁水被烤得有点儿干，鲜味大打折扣。

另外，陶瓷烤网还有一个小缺点，如果用来烤容易氧化的蔬菜（比如茄子），在烤好后，食材会氧化变色。

皮蛋茄子擂辣椒

皮蛋擂辣椒或者皮蛋茄子擂辣椒
是湖南地区常见的家常菜，传统
做法会用煤火来烤辣椒，现在在
湖南的很多菜市场仍然能见到。
烤好的辣椒已经熟透，丝毫不留
生辣气，只需要撕掉一层烤煳的
黑色表皮就可以做凉拌菜。

离家千里，在买不到现成的烤辣椒的时候，我会用陶瓷烤网来操作。

原料

① 螺丝辣椒 4~5 根, 400~500 克;

② 长茄子 1 根，大约 400 克;

③ 皮蛋 1 枚;

④ 大蒜 2 瓣;

⑤ 小葱 2~3 根，切成葱花;

⑥ 盐 1 茶匙，老抽半瓷勺，生抽
半瓷勺，香醋 1 瓷勺。

湖南本地人会用本地产的青辣椒和红辣椒，我在北京时选用的是螺丝
辣椒而不是本地尖椒，是因为相对尖椒，螺丝辣椒皮薄肉厚，更适合
这个做法。

步骤

1. 烤蔬菜

将辣椒洗净，把茄子切成 3 毫米左右的片，分别在烤网上烤到辣椒表皮烧煳起皱，茄子完全蔫掉，厚度缩水了一小半的状态。

反正都要把辣椒烧煳，那么火力可以开大一点。不过要勤快地翻动辣椒，并且把辣椒的边边角角都烤到位，都烤透，才不会有生辣气。

茄子烤到位的标准，是体积会缩水到原先的 2/3 左右，并且质感变得更柔软，茄肉变得有些透明。

烤好的辣椒和茄子体积都变小了许多，要撕去辣椒表面烤煳的薄薄一层皮，然后用凉白开冲洗干净。

2. 擂蔬菜

依次在擂钵中放入去皮的蒜瓣、茄子、辣椒，每一步都用木棍尽可能地擂成泥状。一次不要放过多食材，否则擂棒不能瞄准目标，不好正确发力。

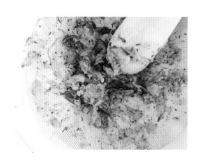

3. 调味

将所有的食材都"擂"匀之后，加入调料拌匀，撒上葱花就可以上桌了。

味噌烤三文鱼

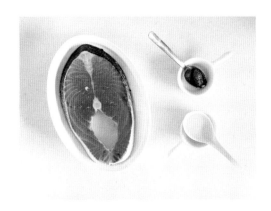

原料

① 三文鱼约 250 克；

② 味噌 0.5~1 茶匙；

③ 味淋 1 瓷勺（味淋是日本特有的一种调料，可以理解为带甜度的料酒，但不建议直接用料酒加糖代替，风味还是不同的）；

④ 锡纸 1 张（图中未列出）。

步骤

1. 腌三文鱼

将味噌和味淋混合均匀。

均匀地抹到三文鱼的两面，盖上保鲜膜，放入冰箱冷藏半天或过夜。

味噌也是一种豆制发酵品，有发酵的香气，但味道厚重偏咸。在使用的时候，用量不要过大，尽量在味淋中融化后再抹到三文鱼上。将腌制的时间稍微延长，就可以用少量的味噌赋予食材足够的味道，又不至于摄入过多的盐分。

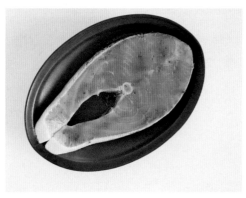

2. 烤三文鱼

烧热陶瓷烤网之后，铺上 1 张尺寸合适的锡纸（修剪大小，不要让锡纸有被明火点燃的可能），锡纸的亚光面接触食物，将三文鱼放在锡纸上中火烤制。

在烤制过程中，三文鱼皮这种脂肪比较肥厚的部位，受热的时候会吱吱冒油。

将一面煎 1~2 分钟之后，翻面再煎另一面。

判断三文鱼是否完全烤熟，可以观察鱼肉的质地。整块的三文鱼、鳕鱼之类的食材，熟透之后鱼肉会微微开裂。此时如果再过度烹饪，肉质就会变得干柴，并且鱼肉会开裂得更厉害。

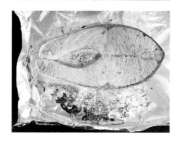

Tips 举一反三

• 这道菜也可以用烤箱操作，用 180℃ 左右烤几分钟即可。烤箱烤出来的颜色会更深、更好看，陶瓷烤网胜在无须预热，操作便捷。另外，如果不好找到味噌、味淋这种调味料的话，薄薄地撒一层盐也是可行的。如果在味噌、味淋之外再加一点酱油，三文鱼的颜色会更深，糖化的颜色会更重一些。

• 在介绍厨具的时候，我并没有把简单附上的这些个菜谱作为标准菜谱的意思，只是借助菜谱来介绍厨具不同的使用方法，希望大家在了解这样的使用方法之后，发挥创造力做出各种好吃的菜肴。

烤箱

● 烤箱的选择

市面上的烤箱林林总总，每个品牌和型号主打的卖点也有所不同，很难说到底哪个品牌或哪个型号是最佳选择。在我看来，选择烤箱最重要的一点是容量，家庭使用最好能选择容量在 40 升以上的烤箱。一是烤大部分食材都不会受限，不容易出现放下一只整鸡就接触到烤箱顶部的情况。二是烤箱内部的温度会比较均匀，在烤的过程中也能留有足够的空间使烤箱内部空气流动和循环——烤箱的工作原理正是利用烤箱内部的热源辐射以及整个烤箱的热空气来加热烹饪食物。

●烤箱的使用

正因为烤箱的工作原理，注定了用烤箱烹饪食物会比水煮、油炒等烹饪方式更费时间。在使用烤箱的时候，尤其需要将烤箱预热到位，这样才能让食物在进入烤箱的时候马上进入被烹饪的状态。

什么是预热?

很多刚刚接触烤箱的人不知道何为预热，只看到网上的各种菜谱说烤箱使用之前要预热，到底怎样预热烤箱才对?

1. 无论是烤肉和蔬菜，还是烘焙，都需要先将烤箱提前预热，让烤箱内的温度达到菜谱的要求。

2. 如果在烤箱预热不到位的时候，就将食材放入烤箱。在这个升温过程中，基本上没有烹饪效果，而且会让食材的水分流失，或者把蛋糕的面糊烤得乱七八糟。

3. 至于怎么样算预热完成？现在大部分烤箱会有提示，在达到设置的温度之后，会出现提示声或指示灯变化的情况，这要根据自家烤箱的实际情况判断。

4. 我家的 60 升大小的烤箱预热到 180℃ 需要 10 分钟左右，你可以根据这个时间来观察自家的烤箱，也可以预估一下做菜的时间，更合理地安排烹饪步骤。

5. 如果家里的烤箱比较小，容量在 30 升以下，那么预热的时候最好比菜谱温度高上 10℃ 或 20℃。这是因为小烤箱容量小，蓄热不够，在打开烤箱门的时候容易降温过多，直接导致烤箱内的温度达不到想要的标准。

烤箱的火候和时间如何把握？

烤箱烤食物到底需要多大火候和多长时间，也是每次发布烤箱菜谱的时候总会被问到的问题。

1. 在烤制肉类或菜类时，在大部分没有说明要用烤箱上火或下火的时候，一般都是上下火同时开，将食物放到烤箱中层。

2. 如果使用容量在 30 升以内的小烤箱，对于烤鸡之类体积比较大、比较高的食材，就算菜谱说明放在中层烤，也要考虑放在底层烤，这样可以避免食材直接接触烤箱内天花板的热源。

3. 每个人家里的烤箱温度和特点都不一样，在调整烤制时间的时候，宁愿短不要长。时间不够还能补，火候过了就没法补救了。

4. 烤箱里飘出的食物香气，是最明显的食物烤到位的信号。一旦明显的香气从烤箱里飘出来，我建议你这个时候就要开始密切关注烤箱，避免烤煳。

5. 比如书中后面的烤花菜，我在第一次制作的时候，烤到 12 分钟左右就已经有香味飘出来了。之后慢慢地以 2 分钟为基准加时间，同时观察烤箱里食材的状态，最后烤到 15 分钟左右时达到我最满意的状态。

在使用烤箱的时候还需要注意，由于烤箱加热食材的速度缓慢，如果希望烹饪的火候准确，或者希望缩短烹饪时间，那么食材在进入烤箱之前要恢复到常温的状态，而不是将食材从冰箱里拿出来直接放入烤箱。或者将食材事先预烹饪之后（比如"椒盐烤排骨"中先将排骨煎烤的操作）再放入烤箱，也能缩短烹饪时间。

如果烤箱有风扇的配置，在烤制食物的时候使用风扇有利于促进烤箱内部的空气流通。但使用风扇也有可能让烤箱内的温度上升更快，或者让食材表面变得更干，这需要根据不同的菜谱来决定是否使用。

在使用烤箱之后，要及时清理食材滴下的油脂，否则在下一次使用烤箱的时候这些油脂会被炭化而变得极难清理。

脆皮烤鸡

这道脆皮烤鸡只需三步，不仅做法简单，而且调料也简单。只用少许盐和黑胡椒，加上你的一点点耐心和时间，就能烤出皮脆肉嫩、丝毫不柴的无油脆皮烤鸡。在微信公众号上发布了这篇菜谱之后，短短几天内就收到了无数试做反馈，创造了单篇菜谱最快达到"10 万 + "阅读的纪录。大家都表示好吃又易做，这道菜完全颠覆了大家对烤箱菜复杂且容易出错的印象！

原料

① 三黄鸡 1 只，也就是菜场最常见也最便宜的肉鸡，1 000 克左右。这个做法不能使用柴鸡（土鸡），因为柴鸡的品种、养殖时间与三黄鸡不同，其肉质比较紧实，皮也比较韧；

② 海盐约 3 克，黑胡椒约 3 克，可以根据自己的口味和鸡的大小来调整。

步骤

1. 处理鸡

将三黄鸡清洗干净，拎起来，先把鸡屁股位置的大块肥油摘掉，这部分的油脂既肥又腥。

鸡身上的一些油脂类脏污都要撕干净，保证鸡身上除了"鸡皮疙瘩"没有别的东西。

用厨房剪刀从鸡胸的位置剪开一个口子，让整只鸡可以平摊。

可以从鸡屁股的位置下刀，一直剪到鸡脖子下方。鸡骨很细，用普通的菜刀或厨房剪刀处理都不难。

2. 撒调料

烤箱提前预热至200℃，同时准备一个烤盘，铺上锡纸，用亚光面接触鸡肉。把剪开的整鸡平摊在上面，尽可能地展开到最大面积。

Tips 省力

- 在烤鸡的时候，鸡肉会有很多汁水和油脂析出，滴到烤箱里会很难清洁。事实上，用烤箱烤制肉类的时候，我建议用一个有边缘的烤盘，并且垫上锡纸。因为经过烤箱高温加热后被炭化的油脂，很难清洁，不清洁又会让烤箱有焦煳的味道。在使用烤箱的时候可以提前注意这样的细节，免得收拾起来太费劲儿而不愿意再用烤箱。

Tips 美味升级

- 在使用锡纸垫在肉类下方的时候可能会出现一个问题，就是肉类的汁水无法向下渗透，出水比较多的肉类有可能会浸泡在汤汁里面。肉质不够好的食材，可能会导致成品有腥味。不怕麻烦的人，可以用更换锡纸的办法来解决。
- 平摊是为了尽可能地把鸡皮的脂肪烤出来，兼具焦、脆、香的鸡皮最诱人，这么好吃的部位当然越多越好。将整鸡平摊也有一个缺点，就是上桌之后不太好看。如果比较在意这一点，也可以不剖开鸡胸，用整鸡来做。当然，烤制的时间会有所区别。

在鸡肉上均匀地撒一层现磨的海盐和黑胡椒。

调味料的分量如何把握呢？

用研磨罐子现磨海盐和黑胡椒，在鸡肉的可见之处都薄薄地撒上一层，就差不多够了。我在撒调味料的前后都称量了一下罐子的重量，海盐和黑胡椒分别用了大约 3 克。鸡重大约 750 克，那就是 250 克鸡肉需要用 1 克海盐、1 克黑胡椒。如果你家没有研磨瓶，可以参照这个比例来处理。

如果买的鸡比较大，担心鸡肉不入味，可以在鸡肉内外都抹上调料。或者自己平时吃饭的口味偏重一点儿，也可以再酌情加上 1 克海盐和 1 克黑胡椒。

至于为什么强调使用海盐，一是因为海盐的风味更好、层次更多、味道更鲜美。二是因为海盐的颗粒比较大，在烤制的时候会慢慢渗透到鸡肉里面。海盐加黑胡椒的搭配是非常基础的风味，要是希望有更多变化，也可以加一些辣椒粉、干香草，不同的搭配各有特色。

3. 烤鸡

无须腌制鸡肉，直接将撒了调料的整鸡放入预热好的烤箱中层，上下火同开，用 200℃ 烤 20 分钟。

没有给鸡肉刷油，也几乎不需要腌制的时间，是这个烤鸡做法的独特之处。通常我希望烤出来的鸡、鸭、鱼肉入味且表面不干，所以在大部分时候都会腌制食材，并且在烤制过程中在食材表面刷油或其他酱汁。

这个菜谱并没有这样做，只是简单地利用比较高的温度，让鸡皮释放出大量油脂。鸡皮的油渗到鸡肉里，把鸡皮的油分转移到偏瘦的鸡肉里。鸡皮已经足够肥了，我希望烤出来的鸡皮是脆脆的，不要一丁点儿油腻，就用了这个做法。事实证明这个做法很成功。

用 200℃ 烤 20 分钟之后，转至 125℃，再烤 45 分钟。如果在第二步中没有剖开鸡背，将整鸡放入了烤箱，那这一步就烤 60 分钟。

第二个烤制的阶段温度偏低，是为了保持鸡肉中的水分。在这个阶段之后，鸡肉烤出来是如图中所示这个状态。

最后提高温度到 200℃，烤 20 分钟就可以出炉。

所以 1 只 1 000 克左右的三黄鸡，烤制的时间是：

· 先用 200℃ 烤 20 分钟，目的是烤出鸡皮的部分油脂；

- 再用 125℃烤 45 分钟（剖开平摊的鸡）或 60 分钟（整只竖立起来的鸡），利用长时间的低温烤制，让鸡肉熟透，同时保持鸡肉中的水分；
- 最后再用 200℃烤制 20 分钟，把鸡皮烤脆、上色；
- 这个时间一定要根据自己家烤箱的特点和鸡的大小来做调整。

这个操作非常简单，唯一需要的就是时间，但是花费这个时间是很值得的，烤出来的鸡肉可以轻易脱骨。

将鸡皮烤得又薄又脆，几近透光！油脂统统被烤出来了，皮脆肉嫩，这就是烤箱的魅力。

Tips 举一反三

- 采用这个做法还是更推荐烤整鸡，因为整鸡体积大，长时间烤制水分也不容易流失。如果饭量有限，也可以用鸡腿或鸡翅代替，烤制的时间需要相应缩短。
- 不建议选择翅尖来烤，因为它几乎全是皮。选择整翅、翅中、翅根、整鸡腿（手枪腿）、小鸡腿（琵琶腿）都比较好。烤制时间需要根据食材的大小和自家烤箱的特点做调整。以烤整翅为例，我建议可以试试用 15 分钟—30 分钟—15 分钟的模式，再参考烤鸡成品图中所示的皮、肉状态，看是否需要调整时间。

椒盐烤排骨

原料

① 肋排 400~500 克；

② 盐 1 茶匙；

③ 青干花椒和红干花椒共
   40~50 颗；

④ 油 1 瓷勺（图中未列出）。

　　*如果烤箱足够大，那么可以一次多烤一些，只要按照食材比例来调整调料的分量就好。烤箱一次最多能烤的食材数量，应当是在摆满一层烤盘之后，食材之间不会重叠，仍然稍稍留有空隙。

Tips 美味升级

- 同时使用了两种花椒，取青花椒的藤香味和红花椒的麻。看起来区别不大的调料，一经复合使用，会带来惊喜。

- 家里只常备了一种花椒行不行？行。无论如何先试试看，这是一个简单好吃的做法。既有花椒又有盐，能不能直接用市售的成品椒盐粉呢？花椒是一个香气非常容易流失的香料，在这道菜里，对于花椒的处理和在胡椒鸡里对胡椒的处理类似，我总希望能最大限度地保留花椒的香气，直到菜肴被吃到嘴里，所以不建议使用现成的椒盐粉。

步骤

1. 炒花椒盐

有香气的食材，一定要让香气
充分发挥出来，才算是物尽其
用。把花椒和盐一起放在炒锅
里，不放油，小火慢慢炒出香
味。炒到满屋子都是花椒香气，
盐粒微微发黄就可以了。

如果花椒不香，就失去了它的

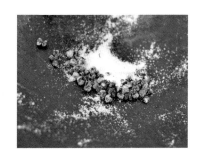

一半意义，所以请一定要炒出花椒的香味。在炒花椒的时候，保持小
火、勤快翻动，不要让它煳焗。最好用炒锅而不用不粘锅，因为盐粒
的硬度较大，难免会损坏不粘锅的涂层。

2. 打椒盐粉

将炒香的花椒粒和盐，一起用
搅拌机打成粉状。

椒盐粉打到如图所示这种粗细
度就可以了。

如果没有搅拌机，那么我建
议可以替换的食材顺序是这
样的：

保存良好的整颗花椒＋盐＞保存不太好或时间有点儿长的花椒＋盐＞
花椒粉＋盐＞现成的椒盐粉。

新鲜的花椒粒更香，完整的花椒粒打碎会比现成的花椒粉要香。用花
椒粉＋盐，当然比现成的椒盐粉更好掌握分量。如果实在因为条件所
限，只能用花椒粉＋盐来制作，也不要偷懒省掉炒香的步骤。

3. 腌排骨

将打好的椒盐粉，薄薄地、均匀地抹在洗净擦干的排骨上，盖上保鲜膜，放入冰箱冷藏，腌制 4 个小时以上，过夜更好。

这样薄薄的一层就足够了，花椒和盐的分量不用过多，但要足够入味。所以一定要

抹均匀，戴一次性手套会更方便操作。将冲洗过的排骨尽量用厨房纸巾擦干，不然湿漉漉地还在淌水儿，肯定粘不住调料。

4. 烤排骨

烤肉这件事，说难不难，谁都会烤；说容易也不是很容易，要肉嫩且多汁、入味又够香，调整来调整去，总会有些不如意。

我曾经试过先低温慢烤到肋排完全脱骨，再高温让排骨上色。这个办法听起来不错，可是上色的火候不好把握，要么容易烤煳，要么容易烤得发干。尤其肉质一旦发干，入口就柴了，简直没法忍耐。

那么换一个思路呢？搭配一些容易出汁水的食材，比如与番茄、水果（桃子、梨之类的）一起烤，似乎可以给排骨补充一些汁水。可是因为不同食材的出水程度不同，仍然没法保证每次都火候到位——对于一个菜谱设计者来说，不能有"买家秀"和"卖家秀"的差距，那样仍然是失败的。而且蔬菜和水果的汁水容易将排骨的味道冲淡，咸淡不好掌握。虽然这种做法拍照很好看，但口味不能保证，所以仍然不可取。

最后我采用的办法是：先煎后烤。

煎，是将排骨煎到上色。向平底锅里放入大约 1 瓷勺油，烧热之后放入排骨，用中火把排骨两面都煎到微微发黄，颜色如图所示：

在煎排骨的时候火力不要过猛、油温不要过高、煎的时间不要过长，这些操作都可能导致排骨被煎焦而肉质发硬。轻轻柔柔地给排骨简单

上色，让蛋白质小小地起个美拉德反应，也就足够了。

煎好的排骨呈半熟状态，中间还有血色，这样没有关系，因为还要接着烤。将烤箱预热到 120℃，将煎好的排骨放入烤箱中层，慢慢地烤80 分钟。在这个时间里基本上不需要时刻关注着烤箱，也不需要翻面，就让它慢慢地烤着。烤好的肉可以轻易脱骨，而且多汁，吃起来是嫩的，最外层还有微微酥掉的皮。

从煎排骨开始，花椒的香气一直弥漫整个屋子，更别提烤排骨的那1 个多小时。排骨是煎过的，比干巴巴地直接放入烤箱烤，要油润得多，也香得多。凭借家庭烤肉的有限条件，用这个方法烤出来的肉香已经最大地呈现接近炭火烤肉的香气。

Tips 举一反三

• 这个做法也可以用来烤整扇的排骨或羊排，调料除了选择花椒加盐的组合，也可以另行搭配自己喜欢的香料。关键点是先高温煎、后低温烤，先煎出肉类的香气，迅速提升食材的温度，然后用低温慢烤到足够软烂的口感，又不至于发干。

烤花菜

烤箱当然也可以用来烤蔬菜，但烤蔬菜容易碰到的问题就是成品过干，这是因为烤制过程中食材非常容易丧失水分，对于蔬菜来说，这一点体现得更明显。解决的办法有两种：一是多刷油，给食材塑造一层保护膜，防止流失过多水分；二是用各种酱汁给蔬菜补充水分。两个做法都会好吃，尤其是多刷油，蔬菜会被烤得焦香扑鼻，很有大排档的风味，但随之摄入的热量也会更高，有没有更好的办法呢？

原料

① 花菜半棵，大约 350 克。最好选用长得比较紧密的普通花菜品种，不要用有机散花菜，因为有机散花菜做出来的口感会太软塌；

② 盐 1 茶匙；

③ 孜然、辣椒面各 1 茶匙，可以根据自己的喜好增减；

④ 食用油 1 瓷勺（图中未列出）。

步骤

1. 预热烤箱

烤箱预热到 180℃。

2. 切花菜

将花菜切成均匀的小朵，
在清水里浸泡冲洗干净，
沥干备用。切得均匀，烤
的时候就均匀。对于花
菜、西蓝花这种不好清理
的食材，我一般会先切后
洗，这样便于清洗干净。

3. 加调料

将花菜、盐、孜然、辣椒
面和食用油一起放到保鲜
袋里。
使劲儿晃匀它们。

我之前烤蔬菜的时候，会将要烤的食材平铺到烤盘上，用硅胶刷刷调料，但一直觉得这个办法有缺陷，因为调料几乎没法均匀地附着在蔬菜上，更别提最后用油的分量大到超出想象。看着油壶里的油噌噌地下降，即使做出来的菜再好吃，心里也还是会有负罪感。

将所有的食材都放到保鲜袋里，操作就简单多了，只要不把保鲜袋塞得过满，八成满的位置可以很轻易地把食材和调料混合均匀。如果保鲜袋过小，那么可以把花菜和调料分成两次来操作，也不麻烦。

4. 烤花菜

将拌匀调料的花菜平铺到烤盘上，尽量平铺，不要重叠。下面可以垫一层烘焙纸或者锡纸。

放入预热好的烤箱中层，上下火同开至 180℃，烤 15~18 分钟即可。

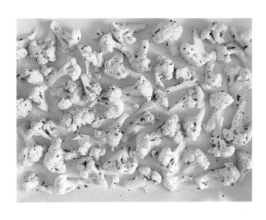

空气炸锅

空气炸锅是一个让人又爱又恨的工具，对喜欢它的人来说利用率颇高，不会使用的人就让它完全闲置。

我的第一只空气炸锅购于2013年，当时的想法很简单，觉得这是一个可以帮助我不费油就完成所有油炸步骤的工具，有了空气炸锅之后，我就可以在很多菜式里加入将食材油炸的预处理步骤，这样做出来的菜会不会很像餐厅出品呢？而且不费油，更健康。结果试来试去，都没有达到我想要的效果，最后还是屈从于用这只锅来炸超市冷冻柜的半成品薯条，但没用几次就悻悻地转让了。

后来，我发现我对空气炸锅的理解有误，无论是在用法上还是在烹饪效果上，它更像是一个烤箱而不是一个油炸锅：使用前需要预热，烹饪好的食物在口感和风味上也类似烤箱出品。与烤箱不同的是，空气炸锅在完成预热之后，食材的成熟和定型速度会非常快。所以无法用空气炸锅炸（烤）面包、炸（烤）蛋糕，但可以用来炸

（烤）鸡翅、炸（烤）红薯等。这句话有点拗口，可以理解为这个迷你小烤箱只能烤制短时间内就能熟的食材。

于是我又买了一只新的空气炸锅来研究它的用法，这次变换了很多不同的食材和调试了很多次火候，终于达到了自己想要的效果，而且烹饪方法确实是低油的、健康的。

使用空气炸锅时要注意：

1. 因为空气炸锅本身的容量不大，食材放入之后尽量不要重叠，避免火候不均匀。每次烹饪的食材分量最好别过多，以刚好铺满容器的一层为佳。

2. 如果使用空气炸锅的原配网篮烹饪一些有油脂或带胶质的食材（尤其类似鸡翅这样有很多皮的），可能会非常容易粘锅。这个时候尽量不要将锡纸垫在网篮里使用，这会影响空气炸锅里的热气循环流通，而且食材中的水分也会留在锡纸中滴不下去，大大降低食材成品的口感。对于容易粘锅的食材，建议另外使用一个不粘网盘。如果制作不粘锅的食材，当然还是原配网篮的循环加热效果更好。

3. 锅巴、玉米烙这些传统中餐需要大量的油才能炸成的菜肴，利用空气炸锅几乎是无法烹饪的。就像上面所说，空气炸锅烹饪出来的食材口感更像烤箱出品，它没有办法把不含油脂的食材烹饪出干香焦脆的口感。同样的道理，如果将食材表面裹上面糊或粉末之后再用空气炸锅烹饪，也几乎无法做出焦脆的口感。

4. 如果食材本身富含油脂，比如鸡翅、梅花肉等，利用比较高的温度来烹饪，是可以达到外脆内嫩的效果的。

5. 空气炸锅和烤箱一样，在烹饪过程中会损失食材里原有的水分。最好尽量控制食材在空气炸锅中烹饪的时间，不要过长，以免成品过干。或者提前做一些腌制的步骤，让食材吸收更多的水分，成品也会有所改善。

6.空气炸锅和烤箱的预热、清洁步骤类似。在每次使用之前预热到位，可以帮助食材迅速达到想要的温度。在使用完之后，要彻底清洁干净，否则油渍容易在下一次使用后被炭化，变得非常顽固难清理。

香料烤坚果

用空气炸锅的中低温，可以做出喷香扑鼻的香料烤坚果。方法很简单，只需要将自己喜欢的坚果混合在一起，在清水下略微冲洗，尽量沥干。搭配适合的香料，在空气炸锅预热到 130℃ 或 140℃ 之后，烤 6~7 分钟即可。

使用空气炸锅烤坚果时要注意

· 每次烤制的坚果分量不宜过多，以薄薄铺满烤网底部一层为佳。

· 用来烤制的坚果必须是生的、没有被烘焙过的，这样的原料烤出来才不容易煳。

· 尽量保证所有食材的大小一致，比如把个头儿比较大的核桃稍微掰开，这样受热会更均匀。

· 我用的香料是一枝新鲜的迷迭香香草，当然也可以换成其他香草，或者海盐、黑胡椒和辣椒粉的组合，在口味上可以尽情发挥自己的想象力。

- 用清水事先冲洗是为了防止食材的表面干燥，烤制的时候容易外面煳了里面还没完全受热。如果用的香料是类似迷迭香这样的新鲜香草，也要和坚果一起用清水冲洗。如果是用的粉末状调味料，则不需要。
- 烤好的坚果香气马上会散发出来，但要凉透了之后才会脆口。

事实上，这样的香料烤坚果同样可以用小煎锅或烤箱来操作，使用空气炸锅烹饪的优点是预热比较快，不需要一直在煎锅旁边守着实时翻炒，但空气炸锅的可替代性很强，几乎没有只能用空气炸锅完成的菜式。

烤红薯

将空气炸锅预热到200℃，烤30分钟，细细的红薯被烤成类似炭火烤制的风味。

红薯的颜色、甜度都和品种有关，唯一要留意的就是尽可能选择比较细的红薯，3只手指粗细的红薯能比手腕粗细的红薯缩短大约一半的烤制时间。烤到第20分钟的时候可以将红薯拿出来看看，用筷子可以轻易戳穿就代表烤熟了。因为红薯的两端细、中间粗，为了避免两头部位烤得过干，在判断烤熟之后就应该断电端出来了。

咖喱辣椒烤鸡腿

将 3 只鸡琵琶腿洗净之后，用厨房纸巾彻底吸干水分，用 1 茶匙盐、1 茶匙咖喱粉和 1 茶匙辣椒粉抹匀，盖上保鲜膜放入冰箱腌制一晚。

Tips 美味升级

- 在腌制食材的时候，很多人会纠结要不要在食材上切几刀入味。

  在我看来，食材入味与否取决于以下几个因素：食材的大小、调味料的咸淡、腌制时间的长短、食材的质地。鸡腿的肉质厚度中等，算是比较好吸收调味料的食材，我会用延长腌制时间的方式来取代在鸡腿上划几刀的方法。这样既可以让鸡腿入味，也可以保留鸡皮的完整。

  当然，如果赶时间的话，可以在鸡腿上划几刀，把调味料的分量略微增加，腌制 20~30 分钟就可以放进空气炸锅了。另外，划上几刀的操作也有利于让鸡腿在设定时间内完全熟透。

  在厨房中的操作几乎是没有绝对正确的，完全看你想要达到什么样的效果。

空气炸锅预热到 150℃后，将腌好的鸡腿放入不粘烤盘中烤 10 分钟。然后取出翻面，转至 200℃再烤 10 分钟，成品效果很棒，标准的皮焦肉嫩。因为鸡肉被鸡皮本身的油脂覆盖，烤出来的鸡腿肉质完全不会干。

用同样的做法和温度，我也尝试过用烤箱来操作。我家的烤箱温度还算准确，并且有风扇功能，可以避免一些误差，但在这么短的时间（20 分钟）内烤完鸡腿，会导致鸡腿肉的深处没有完全熟透，并且有血丝渗出。鸡皮的状态也不如用空气炸锅烤制的效果，不够酥脆。

在类似这样的菜谱里，空气炸锅会比烤箱省时省事。

搅拌机 / 料理棒

　　搅拌机、料理机、厨师机、破壁机、榨汁机、原汁机……现在的新玩意儿越来越多，乍一听到这些机器的名字，简直会发蒙，到底该买哪种？

　　事实上，在这些机器中，除了"料理机"是一种更换不同配件以实现多功能的机器集合体，其他机器大概还是分为这两类：一类是把食材打碎搅匀到一起，另一类是把食材压榨出汁。命名为搅拌机、破壁机、料理机的机器大多属于前者，而榨汁机和原汁机则属于后者。

　　在这些机器里，我家利用率比较高的是搅拌类的机器：搅拌机或手持料理棒（带不同的刀头），它们可以用来制作蔬菜、水果和奶制品混合而成的一种叫作思慕雪（Smoothie）的饮品、打碎干湿调料（搅碎混合食材到自己想要的颗粒度），或者制作浓汤、酱汁等，都简单快捷。

　　下页的图是一款款式比较老的搅拌机，品牌为 Blendtec（布兰泰）。

　　我主要用它来制作思慕雪，或者搅打分量比较大的淀粉质食材。它的优点是功率大，搅打速度快，对于硬质食材，比如冰块，可以毫不费力地打碎，也可以很容易地打断蔬菜纤维。缺点是当搅打一些质地湿黏的食材时，容易粘到杯体上而搅打不到。另外，容量也有些偏大，有时候在搅打少量调料或酱料的时候不易操作。

下图所示是一款手持料理棒，品牌为 Bamix（博美滋）。我给它另配了同品牌的研磨干料和湿料的罐子，还单独配了几只不同的刀头。

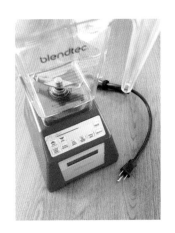

这款手持料理棒的刀头设计非常科学，可以直接伸入锅里搅打液体，并且不容易溅出。功率也足够大，无论搅打硬质的大米、花椒，还是软质的牛油果、南瓜，都能很好完成。研磨干料、湿料的罐子各司其职，可以自行购买不同体积的杯体来方便操作不同体积的食材。缺点是不适合搅打蔬菜，无论用哪个刀头，都不容易切断蔬菜纤维。

● 搅拌机 / 料理棒的选择

在烹饪的时候到底该用搅拌机还是料理棒，其实并没有明确的规定，很多烹饪需求是两者都可以完成的，只是看哪个用起来更趁手而已，就好像台式电脑、笔记本电脑和平板电脑的区别一样。

如果说在选择搅拌机或料理棒的时候有什么共通的标准，以下几点可以供大家参考：

1. 尽量选功率比较大的产品，尤其在打碎硬物（例如大米、香料、冰块）的时候，大功率产品的优势非常突出。搅拌机或料理棒不是一个需要高频购买的消费品，功率差异较大的机器在使用时会有质的差别，建议一次购买到位。

2. 在使用时要注意让食材的分量和搅拌机或料理棒的装置容量相互匹配。尤其对于体积较大的搅拌机（例如我正在用的 blendtec 品牌），一旦搅打的食材体积较小，就很有可能出现刀头够不到的情况。对于中式烹饪中经常出现的搅打少量食材的情况（例如"椒盐烤排骨"中的少量花椒盐、"粉蒸牛肉"中的米粉），则更需要一个比较小容量的杯体，以保证食材可以被充分打碎。

3. 适当添置与食材匹配的刀头。如果发现自家的搅拌机不能胜任搅打某种食材，同时又可以排除功率不够的原因，不妨搜索、添置、安装更匹配的刀头。我在使用一段时间 Bamix 手持料理棒之后，就单独配了一只适合粉碎硬物的刀头（在写本篇的时候，我查了一下现在同款产品的零售包装，和我当时购买的时候不大一样了），事实证明这只刀头在我家厨房的利用率非常高，但我几乎不用料理机或搅拌机来切片、切丝，所以这一类的刀头或配件我就完全省略了。

4. 在可支持的预算范围内，不要买过于便宜的产品。5 年间，我陆续用过好几款手持料理棒，其中有两款价格比较便宜的产品，除了功率小、使用起来不够劲儿，做工还不够精细结实，都在使用一段时间之后产生了无法修复的磨损，只能再买新的机器。

5. 选择方便清洗的款式，现在市面上的大部分产品基本上都能做到这一点了。

芋头青菜糊

原料

① 小芋头（毛芋、芋苄）几只，共约 250 克；

② 芥蓝 250 克左右；

③ 老姜 2 片，切成姜末；

④ 盐 1~1.5 茶匙；

⑤ 油 1 瓷勺（图中未列出）。

步骤

1. 煮芋头

将芋头表皮洗干净之后，用足够没过芋头的水量煮沸，转小火煮
20~30 分钟，直到可以用筷子轻易地把芋头戳穿。也可以使用高压锅
来完成这一步，在高压锅沸腾（"上汽"）后转小火蒸 10~15 分钟就可
以了。

Tips 省力

- 很多人处理芋头会先削皮之后再煮，我的处理顺序恰恰反过来，先把
  芋头彻底煮熟了之后再削皮。主要是因为芋头中含有碱性很强的黏液，
  直接削皮之后容易手痒难耐。而且芋头个头儿小，难免握不稳，在用
  削皮刀操作的时候很容易受伤。
- 把芋头表皮洗干净之后彻底煮熟，轻轻一剥，芋头皮会很容易脱落下
  来。既省事也不容易手痒，是很好的办法。

2. 打芋头糊

　　将煮熟的芋头放入搅拌机，注入刚好没过芋头的清水，打成芋头糊，尽可能打得细一些。

　　同时将芥蓝切成碎末，叶子和梗分开放置。

3. 煮菜

向不粘锅中放入大约 1 瓷勺油，中火烧热后炒香姜末。

倒入切碎的芥蓝梗翻炒半分钟。再倒入芥蓝叶继续翻炒半分钟。倒入芋头糊和适量清水，加盐，用中火煮开。

不要将芋头糊一次全部倒入，芋头糊和青菜的比例要比较合适，芋头糊的分量过多会显得像一碗主食。

在倒入芋头糊的时候，要注意液体的黏稠度。如果液体本身过稠，成品会煮得太浓太腻，容易煮煳。如果液体过稀，则形成不了"糊"状的效果。好在芋头糊和水量的调整非常灵活，如果过稠了，可以随时加少量清水，并且用木铲搅拌让它煮得更均匀。

在煮沸后转小火，煮 1~2 分钟，待液体的浓稠度煮到芥蓝碎和芋头糊融合得刚刚好的程度就可以关火了。

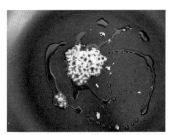

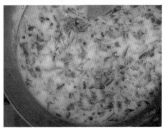

Tips 举一反三

• 用清汤寡水煮出的芋头青菜糊味道会比较清淡，如果用猪骨汤之类的高汤来煮，味道会鲜美很多。

粉蒸牛肉

原料

① 牛里脊 450~500 克；

② 花椒 30~40 粒，可以用干的青花椒和红花椒混合起来，取青花椒的藤香味和红花椒的麻；

③ 八角 1 角（指的是把一整颗八角掰下来 1 瓣），八角能增香，但在这道菜里绝对不可以多用，否则会发苦；

④ 大米半杯（电饭煲通用的量杯，大约 160 毫升）；

⑤ 盐 1 茶匙，生抽半瓷勺，食用油 1 瓷勺；

⑥ 小葱 2 根，切成葱花。

步骤

1. 切牛肉

切牛肉是这道菜的关键步骤。牛肉易老，在切的时候需要格外小心，逆纹切成 1 毫米左右的薄片。（菜刀下刀的方向和前面的"芥菜牛肉汤"中，切牛肉的步骤相同，只是这道菜的牛肉片适合切得稍薄一些。）

将切好的牛肉，用生抽腌制半小时以上，也可以盖上保鲜膜，放入冰箱冷藏过夜，这是为了让牛肉的质地更嫩。

2. 制作米粉

在市面上有很多现成的"蒸肉粉"出售，不过我推荐自己制作，因为自己制作的蒸肉粉香气拔群，食材的比例也能更好地调整成适合自己的口味。现在家里有料理机的人不少，蒸肉粉也不需要打到多么细碎的程度，其实很好掌握。

将花椒粒、八角、盐、大米一起放入炒锅里，不放油，直接用小火干炒，炒到变黄，这个过程需要3~5分钟。建议用炒锅来炒，因为米粒、八角、盐的硬度都比较高，如果用不粘锅的话容易损伤涂层。将盐和其他调料一起炒，炒过的盐会释放出特有的香气。

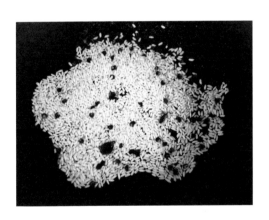

Tips 美味升级

• 老厨师们在自制蒸肉粉的时候，讲究用籼米，它质地偏硬一些，吸水度也更高。我有时候用普通的东北大米，或者用东北大米加糯米的做法，是想让蒸肉粉的口感比较软糯。这两种方法都可以使用，可根据你的口味来定。

将炒好的米粉用料理机打碎，但不要打成粉末，保留一点儿颗粒感比较好。如果没有料理机，可以试试用擀面杖之类的工具来碾碎。

少量多次地加入一些清水，让米粉形成糊状。

Tips 美味升级

● 在米粉中加入清水有两个目的，一是让米粉能更好地附着在食材上，二是保持米粉本身的湿度，不至于在蒸制的过程中吸收牛肉的水分，那样牛肉容易变得又干又柴。

3. 蒸牛肉

将牛肉片和调制好的米粉一起抓匀，尽量让每一片牛肉都裹上一层薄薄的米粉。

然后将牛肉分装到几个小碗里，不要压紧，尽量让食材之间留有比较多的空隙。

Tips 美味升级

- 粉蒸系列的菜有很多，粉蒸牛肉和粉蒸五花肉、粉蒸排骨最大的区别是牛肉易熟且易老，不像五花肉和排骨一样适合长时间蒸制，必须尽可能地缩短蒸制时间。分装成小碗、让食材之间多留空隙，都能帮助牛肉在最短的时间内完全熟透。

待蒸锅里的水烧沸后，将装牛肉的小碗放入蒸锅，保持大火蒸制 15 分钟左右。出锅后撒上葱花，也可以根据自己的口味撒一点儿辣椒面。

Tips 美味升级

- 粉蒸牛肉和清蒸鲈鱼这类菜的一个共同点就是食材细嫩易老，在蒸制的时候注意要在水烧沸后、锅里的蒸汽比较充沛之后再放入原料，并且用大火快速蒸熟。

鲜虾粉丝煲

原料

① 绿豆粉丝 2 把，提前 15 分钟用凉水浸泡；

② 大虾（海白虾或基围虾等品种）10~12 只；

③ 清鸡汤 1 碗；

④ 白洋葱半个；

⑤ 蒜瓣 2~3 瓣；

⑥ 小葱 2~3 根；

⑦ 盐 1 茶匙。

步骤

1. 处理食材

- 提前准备 1 碗清鸡汤（和"皮蛋蘑菇鲜虾汤"中的清鸡汤制作方法相同）；
- 将大虾剪去虾须和虾枪，剖开虾背之后去除虾线（和"皮蛋蘑菇鲜虾汤"中处理大虾的步骤相同）；
- 在洗净小葱后，将葱白切成段，葱绿切成葱花；
- 将半个白洋葱切成细丝；
- 将蒜瓣去皮后拍碎；
- 将绿豆粉丝提前用凉水浸泡 15 分钟左右，然后用厨房剪刀剪成大段，让它在烹煮的时候不至于缠绕太深不好夹起。

Tips 美味升级

- 对于一些需要浸泡的干货，最好能准确地预估它们需要浸泡的时间。这不仅是为了掌握菜肴的烹饪时间，也是为了更好地掌控菜肴的口感。在《日日之食》这本书里，我曾经写过一篇叫作"常见的干货如何泡发"的文章，主要列举了干货菌菇、海味、杂粮、蔬菜的泡发时间。
- 绿豆粉丝和很多干的泡发不大一样，因为质地稀软，在泡发后又有一定的烹煮时间，所以粉丝的浸泡时间不宜过长，以免煮的时候过于软烂。还要考虑粉丝在上桌后会不会持续加热的问题，如果是连锅上桌的粉丝，应该再缩短烹饪时间。

2. 炒香料

向不粘锅中放入 2 瓷勺油，先炒白洋葱。用中火炒 1~2 分钟，在这期间不需要频繁翻炒，直到洋葱丝变得有些焦黄即可。

Tips **美味升级**

• 洋葱、蘑菇这类食材富含糖分和蛋白质，在加热到一定温度后，会产生"美拉德反应"，食材会变色，并且产生香气。炒到这个程度的洋葱，甜度也能得到极大的释放。所以在炒洋葱的时候千万不要着急，先炒到透明状态，再炒到有点儿焦黄的状态，洋葱会更好吃。

在洋葱炒香之后，再放入葱白段和蒜瓣，一起炒香。
当能明显闻到蒜瓣和葱段的香气之后，倒入清鸡汤，中火煮开后转小火煮 1 分钟。

3. 打酱汁

让食材和清鸡汤一起煮一会儿，味道会融合得更好。这个时候再将煎锅里所有的东西连汤带料一起倒入搅拌机里，打成酱汁。

将打好的酱汁放在一旁备用。

4. 煎虾

将不粘锅洗净之后，放入 1 瓷勺油，在中火烧热后，将处理干净并用厨房纸巾吸干多余水分的剖背大虾放入，虾的两面各煎半分钟，直至虾壳的颜色变红，但虾肉的灰色还没完全褪去。这是为了煎出虾壳的香味，但又不让大虾完全熟透，避免在后面烹煮的过程中虾肉煮得过老。

从下图左边所示的这样，煎成右边所示的这样。

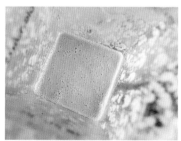

5. 煮粉丝

将煎好的虾拨到煸的一边，倒入剪成段的粉丝，和已经打好的酱汁。加入盐，中小火煮 0.5~1 分钟，让粉丝完全吸收汤汁的味道。

如果打好的酱汁不够，也可以适量再添加一点清水或清鸡汤。另外，要注意绿豆粉丝很容易熟透，也很容易被煮得过于软烂而糊在一起。所以这一步的烹饪时间很短，可以随时夹起一点儿粉丝尝尝，粉丝入味之后就马上关火。

出锅之后撒上葱花即可。

这道鲜虾粉丝煲，没有搅拌机也可以做。省去打酱汁的一步，直接把香料和清鸡汤的混合物倒入煎好虾的煎锅中就可以了。粉丝和豆腐一样，是非常容易吸收味道的食材，用搅拌机将普通的汤底处理成味道浓郁的酱汁，能给这道菜加分不少。

如果家里有保温效果比较好的砂锅，可以将鲜虾粉丝煲连锅端上桌，或者可以用家用的小酒精炉煮着吃，那就可以在锅里稍微多留一点儿汤汁，并且缩短粉丝的烹饪时间，以保持粉丝的口感。

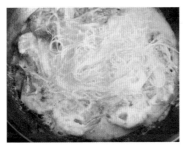

- 在鲜虾粉丝煲的基础之上，可以做出很多不同的调味和搭配。比如可以将白菜切片入锅，先炒后煮到完全软烂，作为菜品的垫底食材，再按照上面的步骤做好鲜虾粉丝煲，盖在白菜上。

- 或者在调味中加入干辣椒或咖喱块，让味道变得更丰富。以咖喱鲜虾粉丝煲为例，炒香料、打酱汁的步骤和前面的菜谱基本一致。在煎大虾的时候，可以放入一块咖喱一起翻炒。这是因为咖喱是脂溶性的食材，而且市售的咖喱块有一定的溶解时间，过晚入锅味道会出不来，也不均匀。

- 在调味的时候，考虑到咖喱块的咸度，不需要另外加盐。

- 同样也在粉丝入味之后就马上关火，出锅之后撒上葱花即可。